河南省科学院科技著作出版项目
国家自然科学基金项目——全新世以来黄河冲积扇扇顶区发育过程研究（项目批准号：41501013）

河南省生态环境遥感调查技术方法与评估

◎ 钱发军　李双权　杜　军　编著

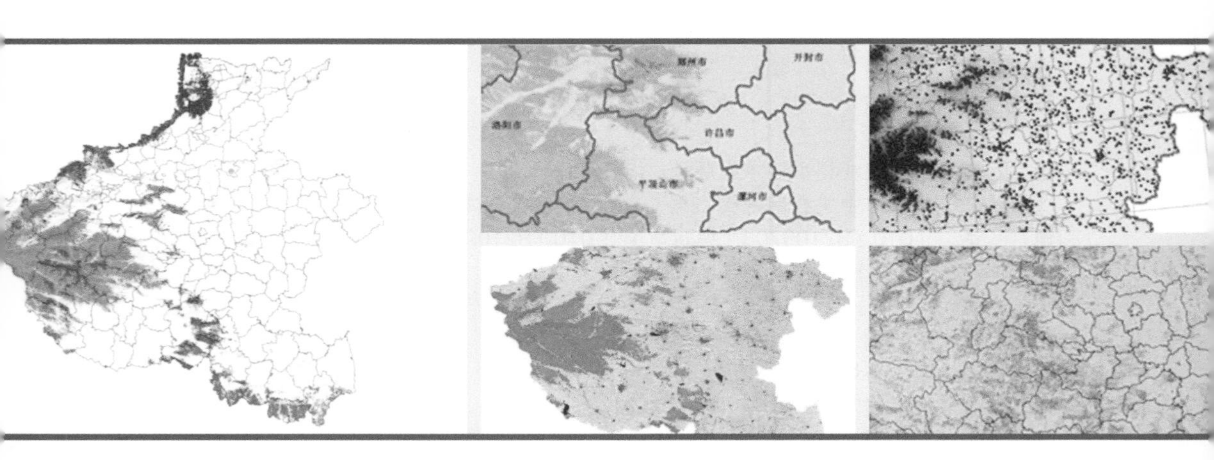

中国农业科学技术出版社

图书在版编目（CIP）数据

河南省生态环境遥感调查技术方法与评估 / 钱发军，李双权，杜军编著 . —北京：中国农业科学技术出版社，2017. 5

ISBN 978-7-5116-3044-5

Ⅰ. ①河… Ⅱ. ①钱… ②李… ③杜… Ⅲ. ① 生态环境—环境遥感—调查方法—河南 Ⅳ. ①X321.261

中国版本图书馆 CIP 数据核字（2017）第 078304 号

责任编辑 崔改泵 李 华
责任校对 贾海霞

出 版 者 中国农业科学技术出版社
北京市中关村南大街12号 邮编：100081
电 话 （010）82109708（编辑室）（010）82109702（发行部）
（010）82109709（读者服务部）
传 真 （010）82106626
网 址 http: // www.castp.cn
经 销 者 全国各地新华书店
印 刷 者 北京建宏印刷有限公司
开 本 710mm × 1 000mm 1/16
印 张 12
字 数 191千字
版 次 2017年5月第1版 2017年5月第1次印刷
定 价 86.00元

《河南省生态环境遥感调查技术方法与评估》

编著委员会

主 编 著： 钱发军　李双权　杜　军

副主编著： 胡婵娟　马玉凤　任　杰　李洪芬

编写人员： 郝民杰　文春波　张中霞　宋立生　贾　涛　刘　鹏　胡军周　李洪涛　张小磊　梁少民　李成林　王　超　陈盼盼　安春华　周　真　王凯丽　刘　霞　刘　勋　陈　鹏　潘占社

前　言

生态环境是人类生存和经济社会可持续发展的基础，保护生态环境事关人民福祉。自然资源分布不均、生态环境脆弱是我国目前的基本国情，随着我国经济的快速发展，生态环境遭到了严重的破坏，生态环境的保护遭到更加严峻的挑战。定期开展国家生态环境调查与评估，可以系统地掌握生态环境状况及其变化特征，提高生态环境监管水平，促进产业结构优化和经济增长方式转变，推进生态文明建设。我国继2000年原国家环保总局组织开展第一次全国生态环境调查之后，为了更好地满足国家发展的战略需求，探索在新形势下的中国环保新道路，2012年由国务院批准，经财政部同意，环境保护部、中国科学院联合开展“全国生态环境十年变化（2000—2010年）遥感调查与评估工作”，以期为环境管理和决策提供信息服务。

河南省生态环境十年变化（2000—2010年）调查和评估，综合利用遥感卫星和地面观测相结合的“天地一体化”生态系统调查技术手段，以格局—质量—功能—问题—胁迫组成的评估框架，并整合了基础地理数据、气象数据、水文水利数据、环境监测数据、社会经济统计数据等。结合河南省生态系统格局、生态系统质量、生态系统服务功能、生态系统问题、生态系统胁迫及其十年变化分析，综合评估河南省生态环境质量总体特征、空间格局和十年变化趋势，从而为河南省未来生态文明建设奠定基础和提供科学依据。

本书是对河南省生态环境十年变化（2000—2010年）调查和评估项目的系统整理。全书的编撰工作由钱发军、李双权、杜军等人完成，其中各章的编撰工作人员如下：第一章，钱发军、胡婵娟、刘鹏；第二章，胡婵娟、李洪芬、郝民杰；第三章，李双权、杜军、李洪芬、宋立生；第四章，杜军、王超、陈盼盼、周真；第五章，李双权、文春波、张中霞、刘勋；第六章，马玉凤、李双权、张小磊、陈鹏；第七章，任杰、贾涛、胡军周；第八章，杜军、李成林、李洪涛；第九章，李双权、梁少民、安春华；第十章，钱发军、王凯丽、刘霞、潘占社。

因编著人员能力有限，书中难免有不足之处，敬请各位专家及读者批评指正。

编著者

2017年2月

目　录

1 绪　论

1.1 背景和意义

生态环境是人类生存和经济社会可持续发展的基础，与人类福祉密切相关。定期开展国家生态环境调查与评估，可以系统地掌握生态环境状况及其变化特征，提高生态环境监管水平，促进产业结构优化和经济增长方式转变，推进生态文明建设。欧美发达国家已形成定期开展生态环境调查与评估的制度，积累了丰富的经验，形成了较为完整和稳定的指标体系，但目前我国尚缺乏全国尺度上的生态环境数据与信息，已经开展的国土资源大调查主要围绕耕地和城市开发建设，水利部水利普查围绕河流湖泊基本情况，农业部农业普查围绕耕地的数量、质量和结构，林业部森林调查围绕森林资源和荒漠化问题。他们都还主要是依据自己的职能和业务范围进行，缺少对包括全国生态系统格局、生态系统质量、生态服务功能、生态环境胁迫、生态环境问题的空间分异格局和动态变化情况等内容的综合调查与评估。

2000—2010年，是经济社会快速发展的十年，是特大自然灾害频发的十年，是历史上生态环境承受人类干扰和气候变化双重胁迫强度最大的十年，同时也是国家生态保护与建设投入最大的十年。在多种因素综合作用下，我国生态环境发生了重大变化，并呈现出新的特征。我国继2000年原国家环保总局组织开展第一次全国生态环境调查之后，为了更好地满足国家发展的战略需求，探索在新形势下的中国环保新道路，2012年由国务院批准，经财政部同意，环境保护部、中国科学院联合开展“全国生态环境十年变化（2000—2010年）遥感调查与评估工作”，以期为环境管理和决策提供信息服务。

河南省地处中原，是我国东西、南北两个过渡带的交会中心，地貌类型多样，气候复杂多变。其北、西、南有群山环绕，中东部属于平坦辽阔的黄淮海平原，处在我国第二级阶地向第三级阶地过渡带，具有与东西部截然不同的地形地貌特征；气候的突出特点是处在我国暖温带与北亚热带的分界线，具有明显的南北过渡性与较强的季风气候特点；既有物种多、区系复杂的生物多样性特征，又是我国生态环境比较脆弱的区域之一。过渡性的自然特征加之人类的长期活动形成了一系列的生态环境问题。河南省开展省域尺度上的生态系统的调查与评估，在全国具有一定的典型性和重要意义，能够为国家生态系统评估提供基础，同时也为河南省未来经济与生态环境协同发展提供科学依据。

1.2 生态系统评估的研究进展

1.2.1 生态系统评估的定义及主要内容

生态系统指由生物群落与无机环境构成的统一整体。生态系统是生态学领域的一个主要结构和功能单位，属于生态学研究的最高层次。生态系统的范围可大可小，相互交错，最大的生态系统是生物圈，最为复杂的生态系统是热带雨林生态系统，人类主要生活在以城市和农田为主的人工生态系统中。生态系统作为地球生命支持系统的基本组成单元，它所提供的粮食、木材、燃料、纤维等产品，以及净化水源、保持水土、清洁空气和维持整个地球生命支持系统的稳定等服务功能，是人类生存和社会发展的基本保证。

根据“千年生态系统评估”计划的指导思想，生态系统评估是将生态系统及其服务功能方面的最新信息和知识用于政策和管理决策，从而改进生态系统管理和提高生态系统对人类实现可持续发展的贡献，其最终目的在于增强为人类发展而管理生态系统的能力。

生态系统评估的重点内容主要包含3个方面：①收集和整合已有的生态学数据、信息和知识。②利用这些知识和信息为决策者提供资源环境方面的决策依据。③最终目的在于改善生态系统的管理状况，满足人类社会发展的需求。由此可见，生态系统评估的中心任务是评价生态系统现在的状况、预测未来的可能变化，并提出为改善生态系统管理状况而应采取的对策。其中，生态系统及其服务功能与人类福利之间的关系是生态系统评估的重点。

1.2.2 生态系统评估的研究进展

1.2.2.1 国外研究进展

生态系统及其生态服务功能是人类生存和经济社会可持续发展的基础。保护生态系统、增强生态系统服务功能，是保障国家生态安全，促进经济社会可持续发展的基础。自2000年以来，生态系统评估得到各国的高度重视，2001年联合国启动“千年生态系统评估”项目，得到全球100多个国家和地区的响应。美国发表了《国家生态系统报告》，英国科学家发表了《英国生态系统评估报告》，加拿大、澳大利亚，以及美国还在省、州尺度开展生态系统评估。国际上，生态系统评估已成为将生态学与自然科学研究成果应用于经济与政治决策的桥梁。

“千年生态系统评估”（Millennium Ecosystem Assessment，MA/MEA）项目是在全球范围内第一个针对生态系统变化对人类福利的影响进行的科学评估计划，2001年6月5日（世界环境日）由时任联合国秘书长安南宣布正式启动。经过来自60多个国家和地区近700名学者的共同努力，出版了《生态系统与人类福利：评估框架》以及分别反映全球生态系统现状和趋势、未来变化情景和对策及亚全球生态系统评估结果的四部报告。“千年生态系统评估”的特点：一是综合评估，即同时对生态系统提供产品和服务功能（而不是仅对其某一方面的功能）的能力，及其相互之间的关系进行多方面的综合评估；二是多尺度，即从局地、国家、区域和全球几个尺度同时对生态系统的状况进行多层次、多尺度的评估。该项目的启动对生态学的发展和生态系统管理状况的改善具有重要的推动作用，将生态学的成果进行了整合，全面系统地为社会经济的可持续发展服务。

英国是工业发展较早的国家之一，在发展经济的同时，生态环境也受到了很大影响。2009年初至2011年6月，参照联合国千年生态系统评估框架，英国第一次对自然环境为社会和国家发展所提供的服务进行了评估，有超过500名的自然科学家、经济学家和社会学家，以及来自政府、科研院所、非政府组织和私营机构的相关人员参与。评估明确了英国生态系统的现状、挑战，分析了近60年来的变化趋势及面临的问题，并建立了6种未来发展情景模式，模拟不同发展模式对人类福祉的可能影响，提出并推荐了两种社会发展的理想模式。英国生态系统评估（UK NEA）与“千年生态系统评估”相比，根据生态评价科学研究及英国具体情况进行了一些调整。一是生态系统分类体系是广泛认可的，既反映生态过程，又反映生态管理的影响，而且各生态类型均有相当的研究基础，具有系统的数据积累；二是在生态系统服务价值评估方面做了新探索，通过评估最终生态系统服务类型的方式避免重复评估；三是分析了生态系统在人类健康和社会共享服务方面的非货币价值，从而使管理者考虑生态系统经济价值的同时，也认识到其非货币性价值；四是与“千年生态系统评估”不同，英国评估建立了“生态转移矩阵”模型，其中“列”表示直接和间接驱动因子，“行”

表示每个因子的潜在状态，然后通过矩阵构建不同的情景分析模型，以分析驱动因子可能会出现的因果关联；五是在生物多样性评估上，从自然过程对生物多样性的支撑作用的角度将生物多样性划分为景观、海景、栖息地和野生物种四类，它们通过给人类带来娱乐享受而形成一种文化服务。

北美地区是生态评估开展比较早的地区，生态系统评价形成于美国的森林生态系统管理评价，随后与加拿大的生态系统区划理论相结合，并在北美大陆发展起来。同在北美大陆的3个主要国家美国、加拿大和墨西哥为解决共同关心的地区性环境问题，于1994年联合成立了环境合作委员会。1997年协调美国、加拿大和墨西哥初步完成了对整个北美的生态区划，将北美的大陆和海洋生态系统划分为四个层次。此后，美国和墨西哥分别完成了对本国生态系统的区域划分和地图编制。这些工作为区域和国家等不同水平的生态系统评价创造了条件，北美生态系统的评估工作一直在进行中。目前，美国等国家已经形成了定期开展生态系统调查的机制，每五年编制国家海岸与海洋、农田、森林、淡水、草地与林地、城市和郊区景观等生态系统的现状和变化报告。继“千年生态系统评估”项目开展以来，美国于2002年和2008年分别公布了《国家生态系统状况报告》，建立了稳定的国家生态系统调查核心指标体系，并不断更新和丰富，为社会公众和环境管理提供了信息支持。

1.2.2.2 国内研究进展

近几十年来，我国由于人口急剧增加，经济迅速发展，以及对生态系统不合理的经营等原因，导致目前出现了沙漠扩展、水土流失严重、草场和森林退化以及水旱灾害频繁等诸多生态灾难，这已经成为制约我国社会经济可持续发展的重要因素。针对这一情况，我国的生态学工作者已在不同地区，针对不同问题，开展了大量的关于生态系统结构、功能和动态的观测研究及生态系统优化管理示范的工作，但大范围内的生态系统评估工作开展的相对较少。

2000年我国原国家环保总局组织开展了第一次全国生态环境调查，全面系统地获取2000年全国生态环境状况的第一手资料，为我国生态环境保护和国民经济建设提供了重要的支撑。2001年，在“千年生态系统评估”项目的引领下，中国西部生态系统综合评估项目被确定为首批启动的五个亚全球区域评估项目之一。我国科技部与国家环保总局组织中国科学院、国家环保总局和国家林业局等部门的有关科研单位的专家组成项目组，参照“千年生态系统评估”的框架，采用系统模拟和地球信息科学方法体系，对中国西部生态系统及其服务功能的现状、演变规律和未来情景进行了全面的评估，出版了《中国西部生态系统综合评估》报告，为顺利实施西部开发战略提供了可靠的科学依据。但此次评估对于驱动力–压力–状态–影响–响应的推演趋势的研究存在一些不足，虽然也进行了一定程度上的情景模拟，但整体侧重于生态系统现状、构成的分析。

2000年以来，随着我国资源开发强度不断增大、城市化进程加快，先后开展了“三峡工程”“青藏铁路”“南水北调”等一大批跨区域的大型建设工程，是我国历史上生态环境受人类干扰胁迫强度最大的时期；这期间，我国发生了“南方冰雪冻害”“四川大地震”“西南大旱”“玉树地震”“南方洪涝”“吉林松花江洪水”“甘肃舟曲特大山洪泥石流”等一系列重大自然灾害事件，对我国生态环境造成了巨大影响；2000年以来也是我国生态保护与生态建设力度最大的时期，先后开展了“天然林保护工程”“退耕还林还草工程”“退田还湖工程”；同时还加强了自然保护区建设、规划了25个国家重点生态功能区和35个生物多样性优先保护区。面对我国十年间生态环境发生的巨大改变，2012年，环境保护部、中国科学院联合开展“全国生态环境十年变化（2000—2010年）遥感调查与评估”工作，利用遥感技术和模型模拟，从全国尺度上分析与评价了我国生态系统格局、生态系统服务功能、生态环境问题及其变化趋势，全面认识了我国生态环境状况，为生态文明建设提供了科学依据。

1.2.2.3 生态系统评估面临的挑战

生态系统评估是涉及多个尺度和多个方面的一种综合评估，其核心是将生态系统与人类联系起来，评估生态系统变化与人类福利之间的相互关系。这是一项在全新概念框架指导下开展的创新性工作，因此在以下几方面尚面临挑战。

（1）生态系统及其服务功能评估的综合性。人类对生态系统服务功能的要求多种多样，以往在对生态系统的某一种服务功能进行整体评估时，尽管都考虑其存贮、流通以及自我恢复能力方面的状况，但是通常只是使用不同的方法对其中的某一种状况进行评估。因此，在今后的生态系统评估中应考虑一些标准和方法，同时对生态系统提供产品和服务功能（而不是仅对其某一方面的功能）的能力及其相互之间的关系进行多方面的综合评估，以反映生态系统和人类福利的综合状况。

（2）生态系统及其服务功能评估的复杂性。人类对生态系统的影响在逐步增强，人类对生态系统的干预本应增加其对人类社会的效益，但事实上由此而产生的影响却加剧了人们对生态系统变化将损害人类福利的担忧。有时，知识或人力资本的替代作用可以减缓由生态系统服务功能耗损和退化而产生的不利影响。但是，生态系统是复杂的动态系统，尤其是在调节功能、文化功能和支持功能方面，对其进行替代的可能性具有一定的极限，对某些服务功能（如控制侵蚀和调节气候）的降低进行替代，从经济上讲也是不切实际的。此外，由于生态系统的惯性特征，当前生态系统的变化可能在今后的几十年里都察觉不到。因此，要想获得可持续的生态系统服务功能和人类福利，就必须在短期、中期和长期的时间尺度上，对人类活动引起的生态系统变化及其与人类福利之间的关系进行全面的了解和审慎的管理。

（3）生态系统及其服务功能变化驱动力的动态评估。引起生态系统及其服务功能变化的驱动力都在变化之中。就间接驱动力而言，人口与世界经济正在增长、信息技术与生物技术已经取得重大进展，以及世界上的联系正变得比以往更加紧密等。预计这些间接驱动力的变化将增加对食物、纤维、洁净水，以及能源的需求和消费，进而对直接驱动力产生影响。同样，直接驱动力的变化也很明显，如气候在变化、物种分布范围在迁移、外来物种在扩散、土地继续退化等。此外，直接驱动力和间接驱动力在驱动生态系统服务功能的变化方面存在一定的功能相关性，同时，生态系统服务功能的变化反过来对导致其变化的驱动力也具有反馈作用。驱动力之间的协同结合普遍存在，而且伴随着多种全球化过程的发展，驱动力之间新的相互作用也将不断出现。总之，如何对驱动力的动态变化进辨识和评估已成为决定生态系统评估成败的关键环节之一。

（4）生态系统评估时空尺度的选定。生态系统评估的时空尺度必须适合于所调查的生态系统及其服务功能。大区域的评估使用分辨率较小的数据不能察觉只有在高分辨率下才能被观察到的生态过程。即使使用较高分辨率详细地进行数据采集，在为得出较大尺度上的调查结果而进行的数据平均过程中，仍会使某些局部格局特征或特异现象消失。对于具有阈值和非线性特征的一些生态过程，以上问题尤其突出。时间尺度对于评估也非常重要，如果一个评估的时间尺度短于评估对象的特征尺度，它将不能完整地获得该特征在长周期循环中得以表现的变化规律。社会、政治以及经济过程也都具有不等的特征时空尺度。生态过程和社会政治过程的特征尺度大小往往互不吻合。由于尺度或边界选择而造成的政治后果进行说明，是今后生态系统评估中探索多尺度和跨尺度分析内容的重要前提条件。

1.2.3 遥感技术和模型模拟在生态系统评估中的应用

生态系统评估是一项综合性很强的工作，涉及多种生态系统类型、不同的时空尺度以及生态系统服务与人类福利的综合。因此，生态系统评估需要多学科理论、方法和技术的综合运用，特别是以遥感与GIS为基础的地球信息科学与技术，是对多学科、多时空尺度信息进行综合的桥梁，也是生态系统评估信息技术支撑的关键。

遥感技术与遥感数据在区域生态评价中得到越来越广泛的应用，遥感技术可以快速、准确地获取地球上任一区域甚至全球范围内不同光谱、时间和空间分辨率的信息，为生态系统评估提供丰富的数据和技术支持。目前，遥感技术与遥感影像数据已经广泛地应用于土地利用/覆盖变化监测、土地资源调查、土壤侵蚀定量分析、农作物长势监测与产量估算、森林草地资源调查与灾害（火灾、病虫害等）监测、生态系统动态监测与管理、生物多样性调查与保护、大气环境监测、水环境监测、城市污染监测、洪涝灾害监测、荒漠化监测以及全球变化等众多研究领域，在生态系统评估中将起到不可取代的作用。

在生态系统评估过程中，应用遥感数据进行生态系统分类是区域生态系统监测与生态评价的基础。不同的研究目的、研究区域与研究对象，通常建立不同的分类体系。这些各具特色的分类体系虽然有利于特定的研究目的，但制约了分类数据的共享与区域生态评价结果的可比性。以遥感数据为基础建立的土地分类系统最早于1976年由美国地质调查局（USGS）建立，该系统以美国资源卫星Landsat1所获取的遥感数据为基础，将地物划分为9个一级类、37个二级类以及可根据数据精度和研究目标灵活扩展的三级、四级类。但实际上能够直接为当时遥感卫星数据直接解译的仅为一级类。随着遥感数据分辨率的提高，不同的国家和机构提出了以不同遥感数据为基础的土地分类系统，如美国国家土地覆被数据（NLCD）以Landsat 5遥感数据为基础的分类系统，欧洲环境信息协作计划（CORINE）以SPOT遥感数据为基础的分类系统，国际地圈—生物圈计划（IGBP）AVHRR 遥感数据及其附属产品的分类系统等。为了推动遥感生态分类数据的共享，1998年国际粮农组织（FAO）提出了一套基于二叉树分类规则的分类系统，该系统灵活性强，能够适应不同区域和不同尺度的需要，也对此后分类系统的建立有深远的影响。

模型是对一定对象的状态、结构及其属性的简化表示，是现代科学研究非常有力的工具和方法，而且往往是某些方面问题在一定研究阶段的唯一方法。生态系统评估是一项复杂的、综合的系统工程，尚未形成比较成熟的理论基础，因此，模型模拟就自然而然地成为其最基本的研究手段之一。

在生态系统评估中，模型模拟的用武之地可以归结为如下方面：①解决数据的融合、同化与尺度综合等问题，实现多源、多类型、多尺度数据信息的有效和精确匹配。②简化生态系统评估中的问题和对象，将主要的和关键的问题与对象提取出来。③系统分析，以数值数据统计分析和空间数据空间分析为主，综合系统结构、功能等方面的大量事实和特征，发现其内在的规律。④系统动态模拟，模拟系统的结构、功能与过程，解释系统发展演化的历史，预测系统的未来发展趋势。⑤对提出的假说和理论等进行试验和验证，形成新的认识，提高对系统的认识水平。⑥进行基于多目标决策的情景分析，构建规划与决策模型，形成生态系统评估和管理的专家决策支持系统，促进生态系统的管理和可持续发展水平。

目前，已经形成和发展了解决生态系统评估中若干具体问题的有效模型。例如：①高精度曲面模型，解决了边界震荡、峰值削平等问题，可用于实时动态模拟和解决多尺度问题，在精度上明显优越于传统的TIN、SPLINE、IDW等空间插值方法，为DEM生成、人口空间分布模拟与预测等问题的研究提供了一种新方法。②陆地生态系统空间分布HLZ分析模型，是根据生物温度、降水量和蒸散率表达气候模式和植被分布的一种系统分析方法，表达了陆地生态系统空间分布与生物气候变量之间的相互关系。③CEVSA 模型，是基于植物光合作用和呼吸作用以及土壤微生物活动等过程对植被、土壤和大气之间碳交换进行模拟的生物地球化学模型，包括3

个子模型：估计植物—土壤—大气之间水热交换、土壤含水量和气孔传导等过程的生物物理子模型，计算植物光合作用、呼吸作用、氮吸收速率、叶面积以及碳氮在植物各器官之间分配、积累、周转和凋落物产生的植物生理生长子模型，估计土壤有机质分解与转化和有机氮矿化等过程的土壤碳氮转化子模型。④遥感地表通量计算模型，用于定量遥感反演作物蒸腾及植被二氧化碳同化通量，包括如下子模型：反射率和反照率模型、遥感叶面积指数及生物量模型、地表比辐射率和地表温度模型、热惯量和微分热惯量模型、土壤水分与作物缺水指数模型、土壤蒸发和植被蒸腾模型、植被二氧化碳同化通量模型。⑤其他模型，如：气温变化空间插值模型、多尺度生态多样性模型、斑块连通性模型、土地利用时空变化模型、生态系统生产力模型、陆地生态系统食物供给功能评估模型、IMAGE 模型、WaterGAP 模型、Ecopath with Ecosim 系统模型等也都是生态系统评估可资借鉴和利用的模型。

1.3 评估目标

河南省生态环境十年变化（2000—2010年）遥感调查与评估采用遥感解译和野外核查相结合的方法，通过对河南省生态系统十年间时空变化的分析，从生态格局、质量和生态系统服务功能等方面评估河南省生态系统的变化，揭示生态系统的胁迫机制，从而为河南省未来生态文明建设奠定基础和提供科学依据。

1.4 评估内容

1.4.1 河南省生态系统格局及十年变化分析

调查评估河南省生态系统类型、面积及其构成比例，生态系统的空间分布与破碎化程度及其变化。主要评估指标包括各类生态系统面积与构成比例、生态系统斑块密度与平均斑块面积等。生态系统的变化，通过比较分析2000年和2010年各类生态系统类型面积、分布、平均斑块面积等的差异进行评估。

1.4.2 河南省生态系统质量及十年变化分析

调查评估森林、灌丛、草地等生态系统质量，分析各类生态系统质量十年变化特征，以及摸清生态系统质量空间变化过程。主要指标包括叶面积指数与植被覆盖度指数等。

1.4.3 河南省生态系统服务功能及十年变化分析

调查评估生物多样性保护、土壤保持、水文调节、防风固沙、产品提供5类生态系统服务功能的空间特征及其变化。主要指标包括水源涵养量、土壤保持量、固沙量、洪水调蓄量、野生动植物栖息地重要性与固碳量等。

1.4.4 河南省生态系统问题及十年变化分析

调查评估水土流失、森林、草地、湿地等土地退化的面积与空间分布状况。主要指标包括水土流失强度、森林退化指数、草地退化指数、湿地退化指数等。

1.4.5 河南省生态系统胁迫及十年变化分析

评估河南省人类活动对生态系统的胁迫及其空间格局和变化，辨识河南省生态系统时空演变的原因和驱动力。主要指标包括人类活动强度和自然灾害发生强度。

1.4.6 河南省生态系统综合评估

结合生态系统格局、生态系统质量、生态系统服务功能和生态环境问题评估结果，综合评估河南省生态环境质量总体特征、空间格局和十年变化趋势。

1.5 技术路线

技术路线如图1-1所示。

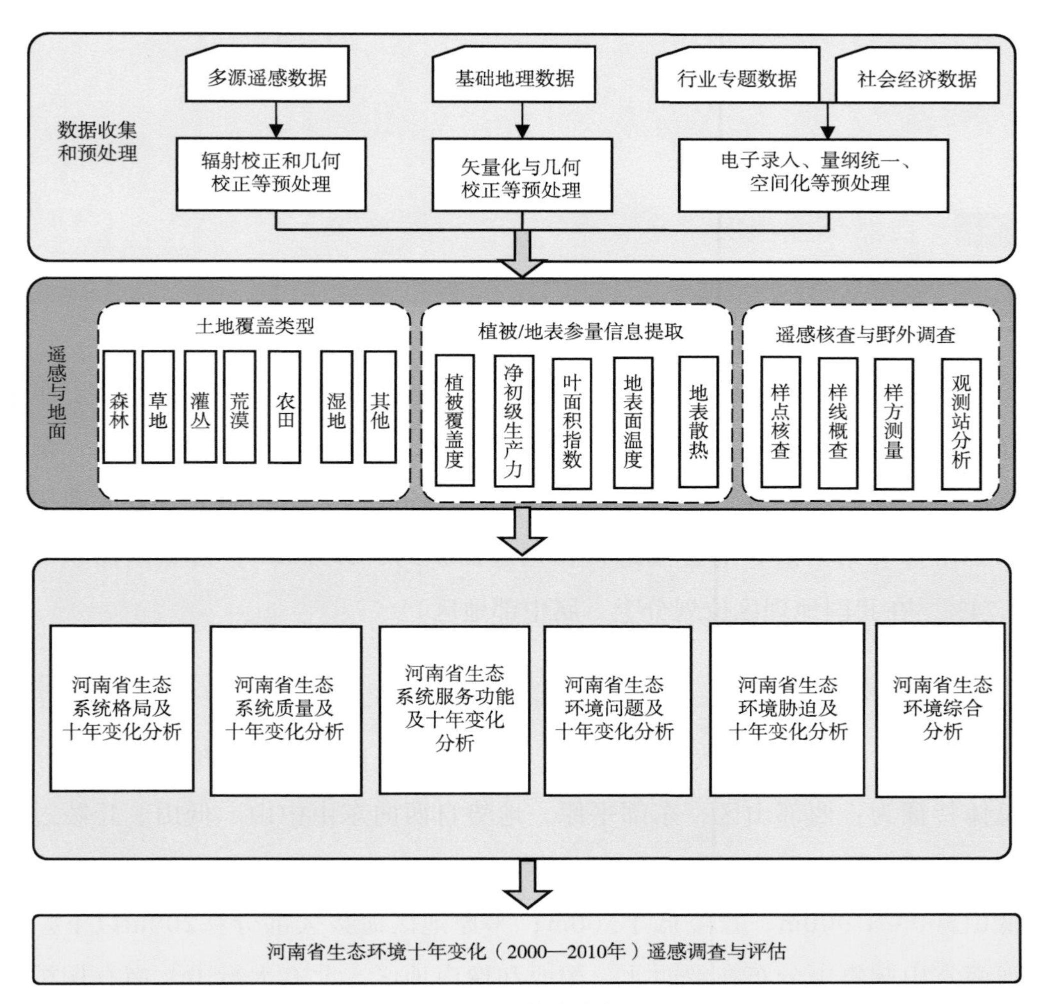

图 1-1 技术路线

2 区域概况

2.1 自然环境概况

2.1.1 地理位置

河南省位于我国中东部，地处黄河中下游的北纬31°23′~36°22′、东经110°21′~116°39′地区，南北相距约530km，东西长达580余千米，东接山东、江苏、安徽，北界河北、山西，西连陕西，南临湖北，处于我国第二阶梯和第三阶梯的过渡地带，土地面积约16.7万km^2，占全国面积的1.74%，在我国地理区位划分上，属中部地区。

2.1.2 地貌类型多样

河南省地貌一级区划分为豫西、南部山地丘陵盆地区和豫东平原区，总体特征为：西部山区，东部平原，地势自西向东由中山、低山、丘陵过渡到平原，呈阶梯状下降。中山一般海拔1 000m以上，高者超过2 000m；低山500~1 000m；丘陵低于500m；平原地区海拔大部分在200m以下。河南省山脉集中分布在豫西北、豫西和豫南地区，北有太行山，南有桐柏山、大别山，西有伏牛山，中部、东部和北部由黄河、淮河、海河冲积形成黄淮海平原。西南部南阳盆地是河南省规模最大的山间盆地，面积约2.6

万km^2。按地形划分，山区面积约4.4万km^2，丘陵面积约2.96万km^2，平原面积约9.30万km^2，分别约占土地总面积的26.59%、17.72%和55.69%。

2.1.3 地质构造复杂

河南省分为华北地台与秦岭地槽两个一级大地构造单元，以卢氏—栾川—确山—固始深大断裂带为界，其北成为华北地台，由变质程度较深的太古界登封群、太华群及中浅变质的元古界嵩山群、秦岭群等组成结晶基底层，其上是由震旦系和古生界前变质与未变质的浅海相碎屑岩—磷酸盐沉积建造及海陆交互相与陆相含煤建造与中生、新生界陆相碎屑岩建造组成的沉积盖层。它包括4个二级构造单元，即山西中台隆，位于太行山区；华北坳陷，包括黄河两岸的黄、淮、海冲积平原；鲁西中台隆，包括永城、夏邑、范县等部分地区，聊城—兰考深断裂，为鲁西中台隆与华北坳陷的分界；华熊沉降带，包括华山、小秦岭、熊耳山区和鲁山、舞阳南部等地。秦岭地槽主要特征是中生代以前一直处于地槽状态，均为地槽沉积，主要有类复理石沉积建造、海相碎屑岩和碳酸盐建造以及多次火山喷发相，是一个典型的多旋回地槽褶皱区。其中包括四个二级构造单元，北秦岭褶皱系，即西峡—内乡断裂—桐柏—商城断裂带以北地区；南秦岭褶皱系包括西峡—内乡断裂以南的淅川—内乡地区；桐柏—大别褶皱系，包括桐柏—商城断裂带以南的山区；南阳坳陷及南阳盆地，北、东、西三面环山，南部缺口微向南倾斜。

2.1.4 气候过渡性特征明显

河南省处于北亚热带和暖温带气候区，气候具有明显的过渡性特点，我国划分暖温带和亚热带的地理分界线秦岭淮河一线，正好穿过境内的伏牛山脊和淮河沿岸，该区以南的信阳、南阳属亚热带湿润半湿润气候区，以北属于暖温带半湿润半干旱气候区。河南省气候具有冬长寒冷雨雪少，春短干旱风沙多，夏日炎热雨丰沛，秋季晴和日照足的特点。

2.1.4.1 降水

河南省属于大陆性季风气候，降水在季节、年际、空间上的分布很不均匀，年降水量空间分布自南向北递减。淮河以南地区年降水量在1 000～1 200mm；卢氏—许昌—商丘一线以南到淮河之间地区，年降水量700～900mm；此线以北的广大地区，年降水量在700mm以下。河南省各地降水量的40%～60%集中于6—9月，而冬季降水量不及年降水量的10%，年均降水不稳定，降水量年际相对变化率18%～22%。

2.1.4.2 光照与热量

河南省年实际日照时数为2 000～2 600h，年总辐射量4 600～5 000MJ/m^2，北部多于南部，平原多于山区。河南省年平均气温12.8～15.5℃，南阳盆地北受伏牛山、外方山的阻隔，冷空气不易侵入；淮河以南纬度较低，太阳辐射量增加，形成了河南省比较稳定的两个暖温区，年均气温在15℃以上。河南无霜期190～230d，河南省日平均气温通过10℃的积温为4 000～4 800℃，南阳盆地和豫南在4 800℃以上，豫西山区在4 000℃以下。河南省无霜期在190～230d。

2.1.4.3 湿度

河南省年平均绝对湿度的分布趋势随着纬度和海拔高度的增加而递减，随高度递减的速率远大于随纬度递减的速率。河南省年平均相对湿度65%～75%，以淮南湿度最大，可达75%以上，其次是淮北平原、豫东平原和南阳盆地，相对湿度70%以上，其他地区在70%以下，以豫西北的鹤壁、焦作、孟津、三门峡一带为最小，在65%以下。湿度的南北差异以夏、秋季节为小，春季最大。

2.1.4.4 农业气候区划分

根据各地光、热、水气候条件，河南省划分为7个农业气候区。Ⅰ淮南春雨丰沛温暖多湿润气候区，Ⅱ南阳盆地温暖湿润夏季多旱涝区，Ⅲ淮北平原温暖易涝区，Ⅳ豫西丘陵干旱少雨区，Ⅴ太行山区夏湿冬冷干旱区，Ⅵ豫东北平原春旱风沙易涝区，Ⅶ豫西山地温凉湿润区。

2.1.5 土壤类型多样，地带性强

河南省土壤类型繁多，主要有黄棕壤、棕壤、褐土、潮土、砂姜黑土、盐碱土和水稻土7种。按土壤质地分别所占耕地的百分比为黏质47.1%、沙质19.9%、壤质15.1%、沙壤质底层加胶泥14.0%、砾质3.9%。京广线以东、沙、颍河以北的广大黄河、海河冲积平原，是分布面积最大的潮土区，山丘区、较大河流的河滩地一般也是潮土分布区，局部地区还分布有砂姜黑土；风沙土、盐碱土等主要分布在黄河沿岸、黄河故道以及黄河泛滥区的洼地；淮河波状平原及河谷两侧有水稻土分布。以伏牛山主脉沿沙河至漯河，到汾泉河一线为分界线，以南为黄棕壤、黄褐土带，以北及京广线以西的低山丘陵和黄土丘陵分布着褐土、黄褐土。

2.1.6 河流众多，水资源缺乏

河南省流域面积在100km^{2}以上的河流共计493条，其中，流域面积超过10 000km^{2}的河流8条，5 000 ~ 10 000km^{2}的河流9条，1 000 ~ 5 000km^{2}的河流43条。这些河流分属4大水系。

黄河水系主要是黄河干流，境内长711km，省辖流域面积3.60万km^2，占河南省总面积的21.3%，占黄河流域总面积的5.1%。黄河在河南境内的主要支流有伊河、洛河、沁河、弘农涧河、漭河、金堤河等。淮河水系位于长江黄河两大河流之间，是河南省的主要水系。淮河发源于豫西南的桐柏山，境内长340km，流域面积8.61万km^2，占河南省总面积的52.8%，占淮河流域总面积的46.2%，在河南省的支流有140多条，主要有史河、洪河、潢河、竹竿河、颍河、沙河、北汝河、贾鲁河等。长江水系主要包括河南省西南部的唐河、白河和丹江，属于汉水的支流，境内流域面积2.77万km^2。

白河、唐河是汉水最大的支流，境内河长分别为302km和191km；丹江发源于陕西，境内长117km，流域面积4 219km^2，主要支流是淇河和老灌河。海河水系位于豫北，河南省境内最大支流是卫河，境内长286km，海河流域面积1.53万km^2，占河南省总面积的9.3%。河南省平均年径流量50～600mm。

2.1.7 生物种类繁多，资源丰富

在亚热带向暖温带过渡的河南省境内，由于自然环境复杂多样，植被分异形成明显的水平地带性和垂直地带性。伏牛山南坡、淮河以南属亚热带常绿、落叶阔叶林地带，伏牛山和淮河以北属暖温带落叶阔叶林地带，西部伏牛山地和丘陵，有明显的森林垂直带谱。东部平原天然林早已不存在，现有林木全为人工栽培，主要树种有泡桐、毛白杨、旱柳、刺槐、榆树、欧美杂交杨类等和紫穗槐、白蜡等灌木。植物资源比较丰富，植物种类约占全国总数的14%，其中木本植物占30%。高等植物有199科、3 979种及变种，其中草本植物约占2/3，木本植物约占1/3。河南省脊椎动物资源约520种，约占全国总数的20%，其中哺乳类约50余种、鸟类近300种、两栖类40多种、爬行类20多种、鱼类100多种。

2.2 社会经济状况

2.2.1 人口状况

截至2014年年底，河南省人口总数为10 601万人，是全国人口最多的省。人口发展继续保持低生育水平，总人口低速平稳增长，常住人口略有增加，外出人口持续增加，劳动年龄人口比重有所下降，城镇化水平继续稳步提高，人口发展保持良好的态势。总体表现为：人口总量低速增长，人口出生率保持缓慢回升态势，人口城镇化水平稳步提升，人口年龄结构不断老化。

2.2.2 经济状况

全年河南省生产总值34 939.38亿元。其中，第一产业增加值4 160.81亿元，第二产业增加值17 902.67亿元，第三产业增加值12 875.90亿元，三次产业结构11.9：51.2：36.9。农业生产形势总体良好，总体表现为：工业生产稳中有升，服务业保持较快发展。交通、通信快速发展，基础设施条件明显改善。目前河南省已初步形成了以铁路、公路为骨干，民航、水路运输为辅助的交通体系；作为全国重要的通信枢纽之一，已基本建成覆盖河南省城乡、连通世界的通信网络。科技、教育和社会事业全面发展，可持续发展能力不断提高。通过实施“科教兴豫”战略，科研能力不断提高，教育事业得到优先发展，基础教育水平稳居全国前列。文化、体育、卫生、新闻出版等社会事业日趋繁荣。

3 土地覆盖野外核查与生态系统综合观测

通过土地覆盖野外核查与生态系统综合观测，向国家提供地面观测尺度上河南省各类土地覆盖信息和生态系统参数，以及国家环境监管典型区域实地生态环境状况调查数据，为土地覆盖修正与精度验证及生态系统参数反演和验证提供基础数据支撑。

3.1 土地覆盖野外核查

3.1.1 点位布设

按照国家要求，河南省共随机选取2 514个核查点，每个县约为20个，空间分布如图3-1。河南省土地覆盖类型野外调查路线如图3-2。

3.1.2 核查完成情况

河南省共完成核查点数量为2 514个。其中，调整的核查点数量为107个，占整个核查点比例为4.3%；利用高分影像核查的点数量为61，占整个核查点比例为2.4%（图3-3）。

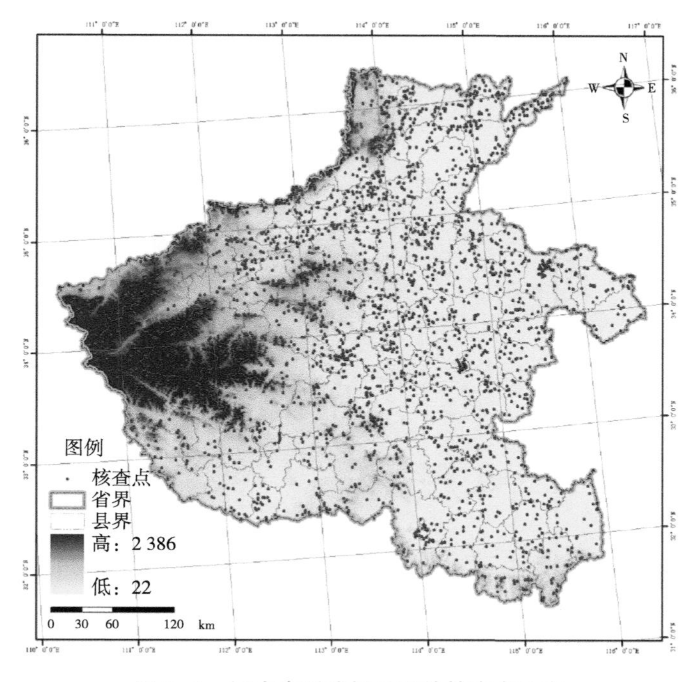

图 3-1 河南省遥感解译野外核查点分布

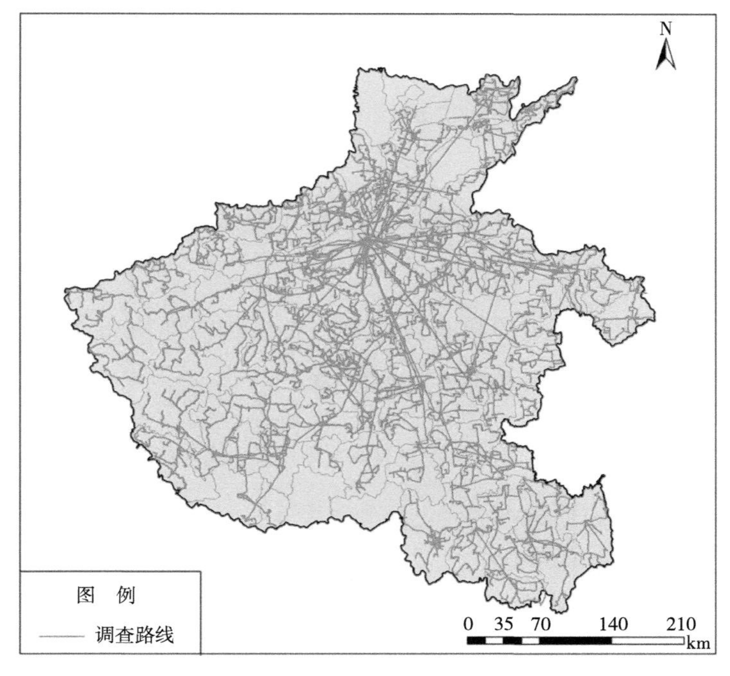

图 3-2 河南省土地覆盖类型野外调查路线

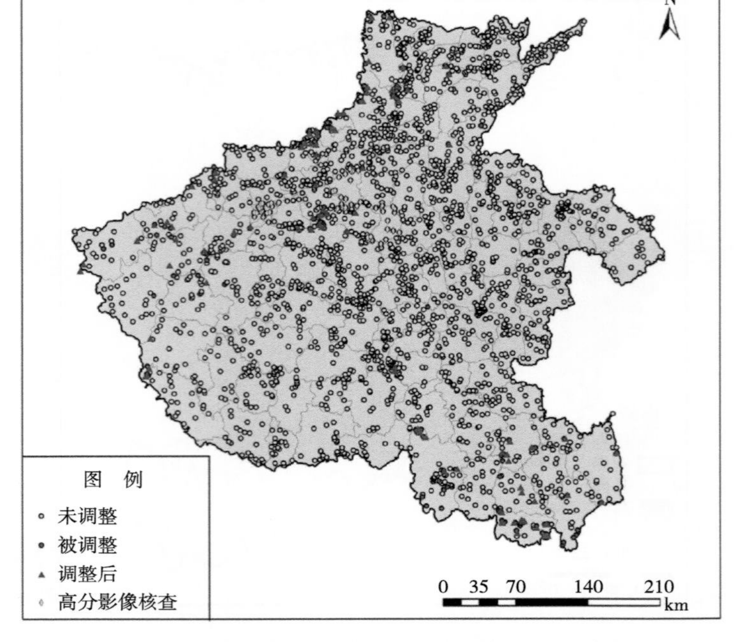

图 3-3 河南省土地覆盖类型核查点空间分布点

3.1.3 核查点实地调整

在实际野外调查中，有些个别核查点难以到达，对此进行了调整（表3-1），调整原则如下。

（1）距国家4级以上的公路（4.5m宽）直线距离在2km以上的点视为难以到达的样点。

（2）样点调整以接近原核查点位置、类型相当地块布设。

（3）调整核查点数量控制在20%以内。

表 3-1 河南省土地覆盖类型核查点调整情况

核查点代码	调整后经度	调整后纬度	调整后土地覆盖类型
16010001	113.298070	34.425110	落叶阔叶林
16010002	112.922180	34.464150	落叶阔叶林
16010003	112.783450	34.481630	落叶阔叶林

（续表）

核查点代码	调整后经度	调整后纬度	调整后土地覆盖类型
16010004	111.046680	34.472560	落叶阔叶林
16010005	113.031400	34.482590	落叶阔叶林
16010006	113.010970	34.506960	落叶阔叶林
16010007	113.405040	34.581230	草丛
16010008	112.948970	34.571480	落叶阔叶林
16010009	113.025960	34.585830	落叶阔叶林
16010010	113.097600	34.596840	落叶阔叶林
16010011	113.065510	34.634130	落叶阔叶林
16030001	111.756522	34.062042	落叶阔叶林
16030002	111.377772	34.235420	落叶阔叶林
16030003	111.757680	34.346300	落叶阔叶林
16030004	111.466090	34.460630	落叶阔叶林
16030005	112.090240	34.491660	工业用地
16030006	112.269900	34.534010	旱地
16050001	113.695620	35.919820	落叶灌木林
16050002	113.967880	36.295100	落叶灌木林
16050003	113.778020	36.309930	落叶灌木林
16060001	114.062420	35.841770	草丛
16060002	114.056260	35.837960	落叶灌木林
16060003	114.559270	35.740210	旱地
16060004	114.526950	35.816700	落叶阔叶林
16060005	114.088070	35.639240	落叶灌木林
16070001	114.484210	35.113250	旱地
16070002	113.982770	35.547940	草丛
16070003	113.932210	35.593410	草丛
16070004	113.920930	35.646820	落叶灌木林

（续表）

核查点代码	调整后经度	调整后纬度	调整后土地覆盖类型
16070005	113.985000	35.681160	落叶灌木林
16070006	113.590710	35.570380	旱地
16070007	113.595280	35.568740	常绿针叶林
16070008	113.645910	35.647160	常绿针叶林
16070009	113.662030	35.690110	旱地
16070010	113.657260	35.690490	落叶阔叶林
16080065	113.042530	35.126480	旱地
16080071	112.994250	35.225680	旱地
16080072	113.047490	35.213770	工业用地
16080077	112.984060	35.317980	工业用地
16080078	113.070070	35.304640	工业用地
16080081	113.059800	35.340990	工业用地
16080797	112.678180	34.970440	旱地
16081117	112.886050	35.202030	旱地
16081124	112.931100	35.233740	旱地
16081616	113.010300	34.864830	旱地
16081638	113.522900	34.973020	旱地
16081641	113.402280	34.992360	工业用地
16082071	113.241570	35.347320	落叶阔叶林
16082072	113.247360	35.343750	落叶阔叶林
16082073	113.264220	35.330030	落叶阔叶林
16082074	113.270350	35.328150	落叶阔叶林
16082077	113.315390	35.484310	落叶阔叶林
16082078	113.372190	35.482580	落叶阔叶林
16120001	110.419730	34.232835	落叶阔叶林
16120002	110.458680	34.290000	落叶阔叶林

（续表）

核查点代码	调整后经度	调整后纬度	调整后土地覆盖类型
16120003	111.120032	33.594203	落叶灌木林
16120004	111.678450	34.925440	落叶灌木林
16120005	111.923330	34.975840	落叶阔叶林
16120006	111.938350	35.034650	落叶阔叶林
16120007	111.240070	35.514140	落叶阔叶林
16120008	111.432550	34.576560	落叶阔叶林
16120009	111.384630	34.624070	落叶阔叶林
16120010	111.241410	34.603490	草丛
16130001	111.053150	33.272530	落叶灌木林
16130002	111.086910	33.327360	落叶阔叶林
16130003	111.044850	33.257890	草丛
16150001	115.678210	31.796160	草丛
16150002	115.894620	32.221230	落叶灌木林
16150003	115.378850	32.392830	旱地
16150004	114.088070	32.211650	旱地
16150005	114.223720	32.215150	旱地
16150006	113.923650	32.528580	旱地
16150007	113.865040	32.575640	常绿针叶林
16150008	113.851950	32.608060	落叶阔叶林
16150009	113.865750	32.598510	落叶阔叶林
16150011	114.627470	31.811540	落叶阔叶林
16150012	114.679850	31.091210	旱地
16150013	115.338400	31.889320	落叶阔叶林
16150014	115.143680	31.280580	水田
16150015	115.151360	31.276170	落叶灌木林
16150016	115.222670	31.310790	常绿针叶林

（续表）

核查点代码	调整后经度	调整后纬度	调整后土地覆盖类型
16150017	115.234220	31.327240	落叶阔叶林
16150018	115.214140	31.312610	水田
16150019	114.754810	32.306140	工业用地
16150020	114.763550	32.246110	水田
16150021	114.798850	32.422080	水田
16150022	114.706590	32.329690	落叶阔叶林
16150023	115.017399	32.348300	旱地
16150024	114.988683	31.865017	落叶阔叶林
16150025	114.865017	31.952850	落叶阔叶林
16150026	114.860100	31.997967	落叶阔叶林
16150027	114.085000	31.034783	落叶阔叶林
16151918	115.090070	31.542660	落叶阔叶林
16151919	115.044760	31.549480	落叶阔叶林
16151920	114.775860	31.594920	落叶阔叶林
16151922	114.979170	31.625390	落叶阔叶林
16151923	114.832310	31.711050	落叶阔叶林
16151925	115.076690	31.646410	落叶阔叶林
16151927	115.084350	31.645650	落叶阔叶林
16151928	114.841870	31.697120	落叶阔叶林
16151929	114.859760	31.695550	落叶阔叶林
16151930	114.751730	31.688640	落叶阔叶林
16151932	114.633850	31.696940	落叶阔叶林
16151933	114.629580	31.707010	落叶阔叶林
16151935	114.640110	31.792380	落叶阔叶林
16170001	113.671717	33.183300	落叶阔叶林
16170002	113.663617	33.150150	落叶阔叶林

3.1.4　利用遥感影像核查

利用Google Earth的高清影像，在ArcGIS中将核查点shp格式转为KML格式，在Google Earth软件中加载KML格式数据，对土地覆盖类型进行目视判别（表3-2）。

表 3-2　河南省土地覆盖类型遥感影像核查点情况

区县	核查点号	经度	纬度	土地覆盖类型	遥感影像类型
洛阳市	16000740	112.468086	34.558623	工业用地	Quickbird
洛阳市	16000741	112.416329	34.606974	旱地	Quickbird
洛阳市	16000742	112.323269	34.617051	旱地	Quickbird
洛阳市	16000743	112.459351	34.641754	旱地	Quickbird
洛阳市	16000744	112.351044	34.649723	工业用地	Quickbird
洛阳市	16000745	112.321732	34.653883	工业用地	Quickbird
洛阳市	16000746	112.490077	34.647336	旱地	Quickbird
洛阳市	16000747	112.398911	34.654975	旱地	Quickbird
洛阳市	16000748	112.413174	34.666680	工业用地	Quickbird
洛阳市	16000749	112.401355	34.686215	旱地	Quickbird
洛阳市	16000751	112.371413	34.700743	工业用地	Quickbird
洛阳市	16000752	112.407747	34.702227	旱地	Quickbird
洛阳市	16000753	112.519041	34.698583	工业用地	Quickbird
洛阳市	16000754	112.480634	34.715476	工业用地	Quickbird
洛阳市	16000755	112.401325	34.727205	工业用地	Quickbird
洛阳市	16000756	112.587977	34.718083	工业用地	Quickbird
洛阳市	16000757	112.421023	34.729978	工业用地	Quickbird
洛阳市	16000758	112.513349	34.726865	工业用地	Quickbird
洛阳市	16000759	112.596251	34.728814	旱地	Quickbird
洛阳市	16000750	112.382522	34.689153	水库/坑塘	Quickbird
新郑市	16001995	113.647602	34.285266	工业用地	Quickbird
新郑市	16001996	113.560253	34.319009	落叶阔叶林	Quickbird

（续表）

区县	核查点号	经度	纬度	土地覆盖类型	遥感影像类型
新郑市	16001997	113.517643	34.329263	落叶阔叶林	Quickbird
新郑市	16001998	113.558112	34.327366	落叶阔叶林	Quickbird
新郑市	16001999	113.705399	34.317981	旱地	Quickbird
新郑市	16002000	113.536226	34.342731	落叶阔叶林	Quickbird
新郑市	16002001	113.512663	34.349998	落叶阔叶林	Quickbird
新郑市	16002002	113.547210	34.349539	工业用地	Quickbird
新郑市	16002003	113.546789	34.357520	旱地	Quickbird
新郑市	16002004	113.857077	34.372206	落叶阔叶林	Quickbird
新郑市	16002005	113.792726	34.391164	工业用地	Quickbird
新郑市	16002006	113.731838	34.408816	工业用地	Quickbird
新郑市	16002007	113.743004	34.484817	工业用地	Quickbird
新郑市	16002008	113.823759	34.551706	工业用地	Quickbird
新郑市	16002009	113.701320	34.572741	旱地	Quickbird
新郑市	16002010	113.831170	34.589943	旱地	Quickbird
新郑市	16002011	113.631069	34.608084	旱地	Quickbird
新郑市	16002012	113.692951	34.613511	旱地	Quickbird
新郑市	16002013	113.815956	34.607214	旱地	Quickbird
新郑市	16002014	113.700464	34.625296	旱地	Quickbird
荥阳	16002239	113.209011	34.626024	落叶阔叶林	Quickbird
荥阳	16002240	113.222821	34.633143	落叶阔叶林	Quickbird
荥阳	16002241	113.294975	34.628515	落叶阔叶林	Quickbird
荥阳	16002242	113.268396	34.634561	落叶阔叶林	Quickbird
荥阳	16002243	113.307658	34.635017	落叶阔叶林	Quickbird
荥阳	16002244	113.269887	34.642666	落叶阔叶林	Quickbird
荥阳	16002245	113.430459	34.641099	旱地	Quickbird
荥阳	16002246	113.371814	34.656007	工业用地	Quickbird
荥阳	16002247	113.265794	34.667039	旱地	Quickbird
荥阳	16002248	113.471110	34.674404	旱地	Quickbird

（续表）

区县	核查点号	经度	纬度	土地覆盖类型	遥感影像类型
荥阳	16002249	113.317562	34.712810	旱地	Quickbird
荥阳	16002250	113.269300	34.729190	旱地	Quickbird
荥阳	16002251	113.185518	34.788054	旱地	Quickbird
荥阳	16002252	113.211705	34.794190	工业用地	Quickbird
荥阳	16002253	113.386779	34.873234	旱地	Quickbird
荥阳	16002255	113.337123	34.932489	工业用地	Quickbird
荥阳	16002256	113.418974	34.951599	旱地	Quickbird
荥阳	16002257	113.398664	34.954848	旱地	Quickbird
荥阳	16002258	113.478499	34.952864	旱地	Quickbird
荥阳	16002259	113.393801	34.973804	旱地	Quickbird
荥阳	16002254	113.265295	34.910100	水库/坑塘	Quickbird

3.1.5 数据精度控制

通过对河南省域进行土地覆盖核查，获取了实际土地覆盖信息。利用实地调查数据对遥感解译数据进行了修正与验证，总体数据精度为87%以上，达到了项目数据精度要求。

3.2 生态系统综合观测

3.2.1 样区、样地、样点布设

3.2.1.1 样区布设

按照国家要求，河南共布设20个样区（图3-4），其中，农田生态系统为9个、森林生态系统为9个、草地生态系统为1个、灌木生态系统为1个（表3-3）。典型样区1个（封丘农业生态试验站），样区大小为50km × 50km；典型小样区19个，样区大小为5km × 5km。

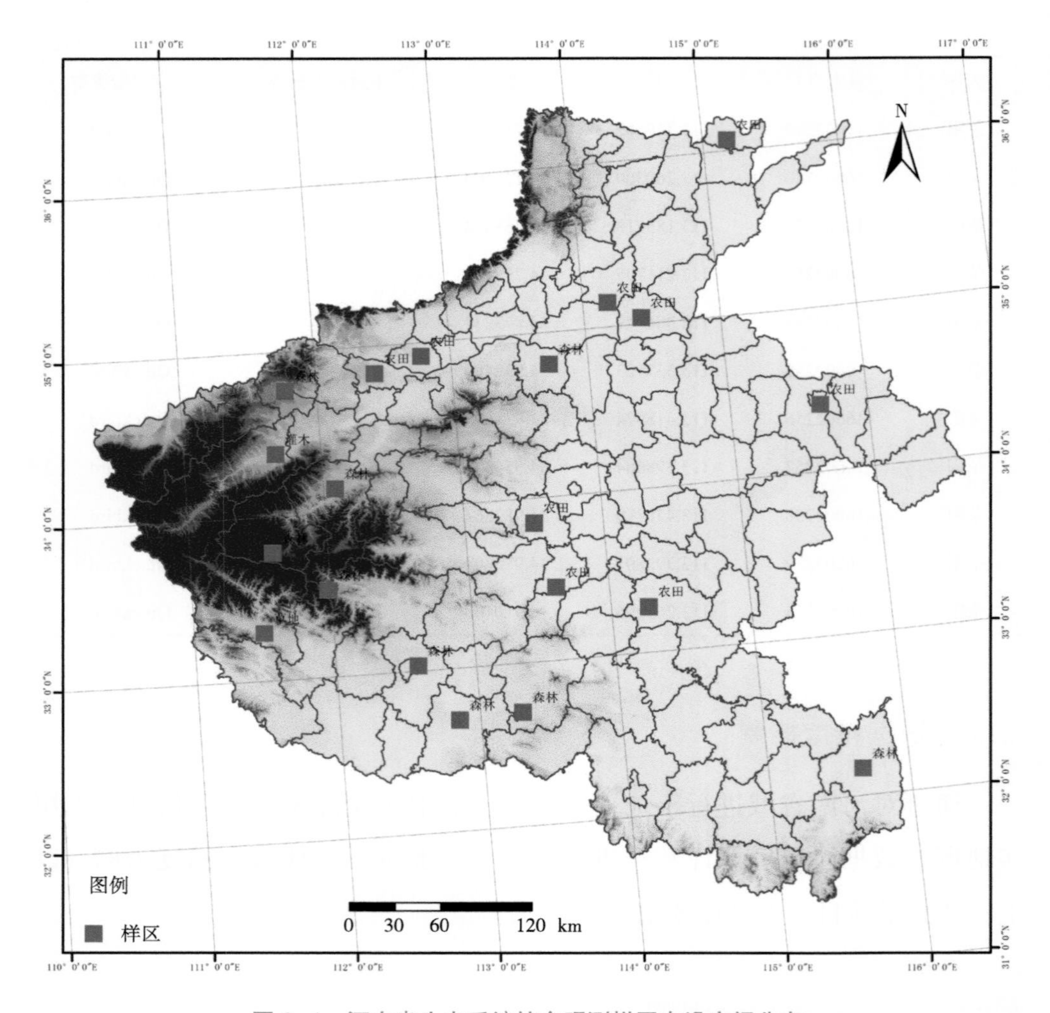

图 3–4　河南省生态系统综合观测样区布设空间分布

表 3–3　河南省生态系统观测样区情况

类型	位置	纬度	经度	备注
农田	南乐	36.067	115.183	一年两熟或两年三熟旱作，落叶果树，杨、柳、榆、槐防护林
	延津	35.150	114.183	一年两熟或两年三熟旱作，落叶果树，杨、柳、榆、槐防护林
	孟县	34.917	112.783	一年两熟或两年三熟旱作，落叶果树，杨、柳、榆、槐防护林

（续表）

类型	位置	纬度	经度	备注
农田	孟津	34.833	112.433	一年两熟或两年三熟旱作，落叶果树，杨、柳、榆、槐防护林
	襄城	33.850	113.500	一年两熟或两年三熟旱作，落叶果树，杨、柳、榆、槐防护林
	舞阳	33.450	113.617	一年两熟或两年三熟旱作，落叶果树，杨、柳、榆、槐防护林
	上蔡	33.283	114.267	一年两熟或两年三熟旱作，落叶果树，杨、柳、榆、槐防护林
	河南商丘农田生态系统国家野外科学观测研究站	34.409	115.655	河南商丘农田生态系统国家野外科学观测研究站
	河南封丘农田生态系统国家野外科学观测研究站	35.040	114.418	河南封丘农田生态系统国家野外科学观测研究站
森林	渑池	34.767	111.767	落叶栎林
	栾川	33.783	111.600	落叶栎林
	固始	32.167	115.667	马尾松林
	嵩县	34.150	112.083	落叶栎林
	南阳	33.033	112.583	水旱一年两熟，常绿落叶果树和经济林
	唐河	32.683	112.850	水旱一年两熟，常绿落叶果树和经济林
	泌阳	32.700	113.300	马尾松林
	河南鸡公山森林生态站	34.806	113.711	河南鸡公山森林生态站
	河南宝天曼过渡带森林生态系统定位研究站	33.535	111.981	河南宝天曼过渡带森林生态系统定位研究站
草地	西峡	33.300	111.500	荆条、酸枣灌丛、灌草丛
灌木	洛宁	34.383	111.667	荆条、酸枣灌丛、灌草丛

3.2.1.2 样地设置

样地大小要求为100m × 100m，并且样地要选择在生态系统类型一致的平地或相对均一的缓坡坡面上。对于样地的数量，典型样区中布设不低于25个样地，根据森林、草地、农田、灌木、湿地等生态系统在样区中所占的面积，从1km × 1km网格中按1%的比例，分别确定每个生态系统样地的数量；对于典型小样区，每个样区样地调查数量不低于3个，样地类型为样区主要生态系统类型。

3.2.1.3 样方设置

样方设计为反映各个生态系统随地形、土壤和人为环境等的变化，每个样地须至少保证有1个重复样方。对于不同的生态系统，要求的样方大小和重复各不相同，具体如图3-5所示。

- 森林生态系统样方为30m × 30m，2个重复。
- 灌木生态系统样方为10m × 10m，3个重复。
- 草地生态系统样方为1m × 1m，9个重复。
- 农田生态系统样方为1m × 1m，9个重复。
- 荒漠生态系统样方为30m × 30m，2个重复。

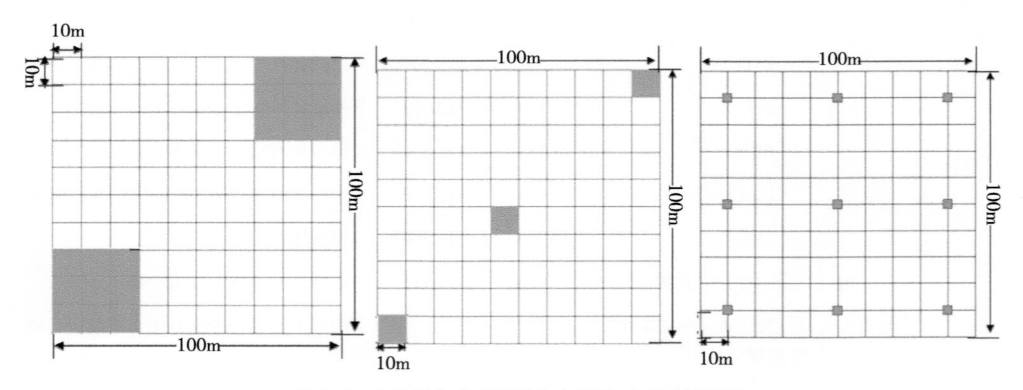

图 3-5 不同生态类型样地样方布设示意图

3.2.2 监测内容

3.2.2.1 森林生态系统监测

森林生态监测内容如表3-4所示。

（1）监测样地设置。林地固定样地面积不小于10 000m^2，林木样方2个，林木样方面积为30m × 30m，林下植被样方3个，面积为5m × 5m。

（2）监测内容。包括森林类型、林木植被数量特征、林地植被群落结构。

（3）林地植物群落监测方法。森林监测参照《林地分类》（LY/T1812—2009）和森林资源规划设计调查主要技术规定（国家林业局2003年）进行监测。

（4）监测指标。包括林木种类、株数、胸径、郁闭度、叶面积指数、生物量等。

表 3-4 森林生态系统监测内容一览

类别	监测内容	监测指标	监测方法	监测频度	监测时间
森林监测	基本情况	优势树种	实地调查	1次/年	7—9月
		利用方式	实地调查	1次/年	7—9月
	结构特征	郁闭度	样地（线）法	1次/年	7—9月
		叶面积指数	仪器法	1次/年	7—9月
	生物量	冠幅	每木检尺	1次/年	7—9月
		胸径	每木检尺	1次/年	7—9月
		树高	每木检尺	1次/年	7—9月
林下灌木层监测	结构特征	叶面积指数	实地调查	1次/年	7—9月
		平均层植被盖度	样方法	1次/年	7—9月
	生物量	生物量鲜重	样方法	1次/年	7—9月
		取样鲜重	样方法	1次/年	7—9月
		取样干重	样方法	1次/年	7—9月
林下草本层监测	结构特征	叶面积指数	实地调查	1次/年	7—9月
		植被盖度	样方法	1次/年	7—9月
	生物量	生物量鲜重	样方法	1次/年	7—9月
		取样鲜重	样方法	1次/年	7—9月
		取样干重	样方法	1次/年	7—9月
		取样凋落物鲜重	样方法	1次/年	7—9月
		凋落物取样干重	样方法	1次/年	7—9月

3.2.2.2 灌丛生态系统监测

灌丛生态系统监测内容如表3-5所示。

（1）监测样地设置。林地固定样地面积不小于10 000m^2，林木样方面积为10m × 10m。

（2）监测内容。包括灌木植被特征及地表状态等。

（3）灌木植物群落监测方法。林地植物群落监测采用样方法，林地样方大小为10m × 10m，至少需3个重复。

（4）监测指标。包括灌木郁闭度、生物量、叶面积指数等。

表 3-5　灌丛生态系统监测内容一览

类别	监测内容	监测指标	监测方法	监测频度	监测时间
灌木监测	基本情况	灌木种类	实地调查	1次/年	全年
		利用方式	实地调查	1次/年	7—9月
	结构特征	覆盖度	样地（线）法	1次/年	7—9月
		叶面积指数	仪器法	1次/年	7—9月
		高度	测高器法	1次/年	7—9月
	生物量	生物量鲜重	样方法	1次/年	7—9月
		取样鲜重	样方法	1次/年	7—9月
		取样干重	样方法	1次/年	7—9月
草本层监测	结构特征	叶面积指数	实地调查	1次/年	7—9月
		植被盖度	样方法	1次/年	7—9月
	生物量	生物量鲜重	样方法	1次/年	7—9月
		取样鲜重	样方法	1次/年	7—9月
		取样干重	样方法	1次/年	7—9月
		凋落物取样鲜重	样方法	1次/年	7—9月

3.2.2.3　草地生态系统监测

草地生态系统监测内容如表3-6所示。

（1）草地植被样地设置。草地监测样地按长期监测标准样地设计，样地一经确定，不再轻易变更。样地的大小至少要满足有效监测10年，每年7—9月植被生长盛期监测。

（2）监测指标。主要包括草地盖度、叶面积指数、生物量等。

（3）草地群落监测方法。草地样方面积为1m × 1m，至少重复9次。监测采用现场调查法、现场描述法。

监测过程参照《青海省草地资源调查技术规范》（DB63/F209—1994）和《草地旱鼠预测预报技术规程》（DB63/T331—1999）。

表 3-6 草地生态系统监测内容一览

监测内容	监测指标	监测方法	监测频度	监测时间
基本情况	草地类型	实地调查	1次/年	7—9月
	利用方式	实地调查	1次/年	7—9月
结构特征	覆盖度	样线法	1次/年	7—9月
	叶面积指数	样方法	1次/年	7—9月
生物量	生物量鲜重	样方法	1次/年	7—9月
	取样鲜重	样方法	1次/年	7—9月
	取样干重	样方法	1次/年	7—9月

3.2.2.4 农田生态系统监测

农田生态系统监测内容如表3-7所示。

（1）监测样地设置。农田固定样地面积不小于10 000m²，农田样方面积为1m × 1m。

（2）监测内容。包括农田作物特征及地表状态等。

（3）农田植物群落监测方法。农田植物群落监测采用样方法，农田样方大小为1m × 1m，至少需9个重复。

（4）监测指标。包括作物群体株高、叶面积指数、生物量等。

表 3-7 农田生态监测内容一览

监测内容	监测指标	监测方法	监测频度	监测时间
基本情况	农田类型	实地调查	1次/年	7—9月
结构特征	叶面积指数	仪器法	1次/年	7—9月
	覆盖度	样线法	1次/年	7—9月
生物量	生物量鲜重	样方法	1次/年	收割期
	取样鲜重	样方法	1次/年	收割期
	取样干重	样方法	1次/年	收割期

3.2.3 完成情况

河南省共完成20个生态系统参数野外观测样区的外业观测工作，其中16个为既定样区，4个点为调整样区。随着城市化进程的加快，很多城市近郊或国道、省道主干线两侧的土地利用方式发生了很大的变化，因此，在具体外业调查过程中，对课题组要求的4个样区在不改变原来生态系统类型的基础上进行了调整，国家项目组指定样区现状（图3-6 ~ 图3-9）、调整情况（表3-8）及空间分布（图3-10）如下。

图 3–6　洛宁县灌丛生态系统国家指定样区现状

图 3–7　嵩县森林生态系统国家指定样地现状

图 3–8　固始县森林生态系统国家指定样地现状

图 3-9 泌阳县森林生态系统国家指定样地现状

表 3-8 河南省 4 个样区调整前后情况

区县	经度	纬度	生态系统类型	样区号	调整后区县名	调整后经度	调整后纬度	调整后生态系统类型	观测时间
洛宁县	34.383	111.667	灌木	2	洛宁县	34.396	111.631	灌木	9.18
嵩县	34.150	112.083	森林	13	嵩县	34.230	111.942	森林	9.23
固始	32.167	115.667	森林	12	固始	32.226	115.890	森林	9.27
泌阳	32.700	113.300	森林	16	泌阳	32.625	113.456	森林	9.28

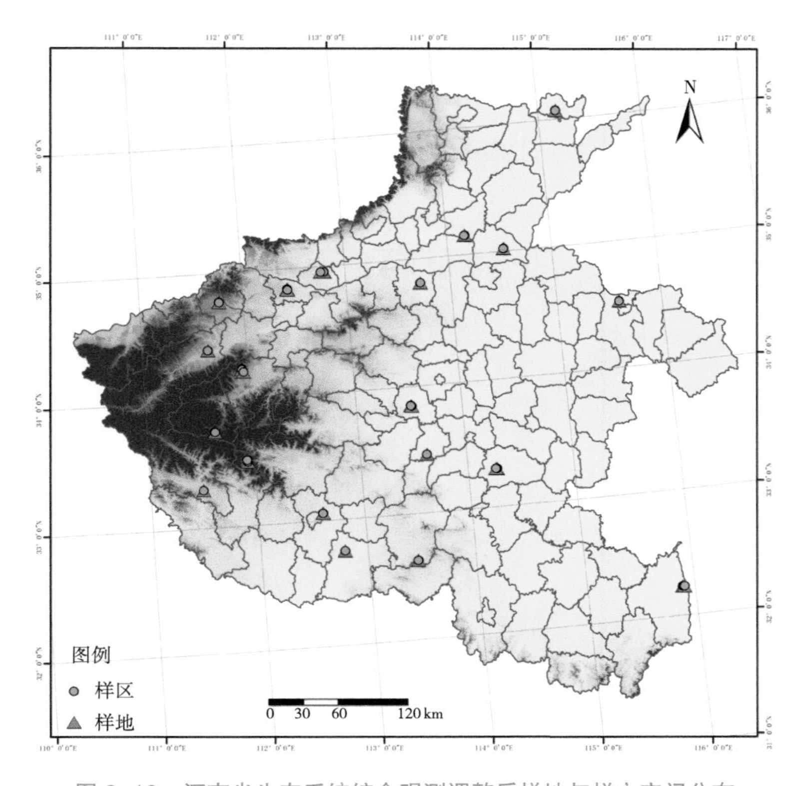

图 3-10 河南省生态系统综合观测调整后样地与样方空间分布

4 生态系统构成与格局及其十年变化分析

生态系统构成是指不同区域森林、草地、湿地、农田、城镇、裸地等生态系统的面积和比例。生态系统格局是指生态系统空间格局，即不同生态系统在空间上的配置。

4.1 评估指标体系

根据评估内容，构建了生态系统格局评价指标体系，如表4-1所示。

表 4–1　全国生态系统格局及变化评价指标

评价内容	评价指标
生态系统构成	生态系统面积 生态系统构成比例
生态系统构成变化	类型面积变化率
生态系统景观格局特征及其变化	斑块数（NP） 平均斑块面积（MPS） 类斑块平均面积（MPST） 边界密度（m/hm^2）（ED） 聚集度指数（%）（CONT）
生态系统结构变化各类型之间相互转换特征	生态系统类型变化方向 综合生态系统动态度 类型相互转化强度

4.1.1 生态系统面积

土地覆被分类系统中，各类生态系统面积统计值（单位：km^2）。

4.1.2 生态系统构成比例

4.1.2.1 指标含义

土地覆被分类系统中，基于一级分类的各类生态系统面积比例。

4.1.2.2 计算方法

$$P_{ij}=\frac{S_{ij}}{TS}$$

式中：P_{ij}为土地覆被分类系统中基于一级分类的第i类生态系统在第j年的面积比例；S_{ij}为土地覆被分类系统中基于一级分类的第i类生态系统在第j年的面积；TS为评价区域总面积。

4.1.3 生态系统类型面积变化率

4.1.3.1 指标含义

研究区一定时间范围内某种生态系统类型的数量变化情况。目的在于分析每一类生态系统在研究时期内面积变化量。

4.1.3.2 计算方法

$$E_V(\%)=\frac{EU_b-EU_a}{EU_a}\times100$$

式中：E_V为研究时段内某一生态系统类型的变化率；EU_a/EU_b为研究期初及研究期末某一种生态系统类型的数量（例如，可以是面积、斑块数等）。

4.1.4 斑块数（Number of Patches）

4.1.4.1 指标含义

评价范围内斑块的数量。该指标用来衡量目标景观的复杂程度，斑块数量越多说明景观构成越复杂。

4.1.4.2 计算方法

应用GIS技术以及景观结构分析软件FRAGSTATS3.3分析斑块数NP。

4.1.5 平均斑块面积（Mean Patch Size）

4.1.5.1 指标含义

评价范围内平均斑块面积。该指标可以用于衡量景观总体完整性和破碎化程度，平均斑块面积越大说明景观较完整，破碎化程度较低。

4.1.5.2 计算方法

应用GIS技术以及景观结构分析软件FRAGSTATS3.3，分析平均斑块面积MPS。

4.1.6 类斑块平均面积

4.1.6.1 指标含义

景观中某类景观要素斑块面积的算术平均值，反映该类景观要素斑块规模的平均水平。平均面积最大的类可以说明景观的主要特征，每一类的平均面积则说明该类在景观中的完整性。

4.1.6.2 计算方法

$$\overline{A}_i = \frac{1}{N_i}\sum_{j=1}^{N_i} A_{ij}$$

式中：N_i为第i类景观要素的斑块总数；A_{ij}为第i类景观要素第j个斑块的面积。

4.1.7 边界密度（Edge Density）

4.1.7.1 指标含义

边界密度也称为边缘密度，边缘密度包括景观总体边缘密度（或称景观边缘密度）和景观要素边缘密度（简称类斑边缘密度）。景观边缘密度（ED）是指景观总体单位面积异质景观要素斑块间的边缘长度。景观要素边缘密度（EDi）是指单位面积某类景观要素斑块与其相邻异质斑块间的边缘长度。它是从边形特征描述景观破碎化程度，边界密度越高说明斑块破碎化程度越高。

4.1.7.2 计算方法

$$ED = \frac{1}{A}\sum_{i=1}^{M}\sum_{j=1}^{M}P_{ij}$$

$$ED_i = \frac{1}{A_i}\sum_{j=1}^{M}P_{ij}$$

式中：ED为景观边界密度（边缘密度），边界长度之和与景观总面积之比；ED_i为景观中第i类景观要素斑块密度；A_i为景观中第i类景观要素斑块面积；P_{ij}为景观中第i类景观要素斑块与相邻第j类景观要素斑块间的边界长度。

4.1.8 聚集度指数（contagion index）

4.1.8.1 指标含义

反映景观中不同斑块类型的非随机性或聚集程度。聚集度指数越高说明景观完整性较好，相对的破碎化程度较低。

4.1.8.2 计算方法

$$C = C_{\max} + \sum_{i=1}^{n}\sum_{j=1}^{n} P_{ij}\ln\left(P_{ij}\right)$$

式中：$C_{\max}$为$P_{ij} = P_i P_{j/i}$指数的最大值；n为景观中斑块类型总数；P_{ij}为斑块类型i与j相邻的概率。

注：比较不同景观时，相对聚集度C'更为合理。

$$C' = C / C_{\max} = 1 + \frac{\sum_{i=1}^{n}\sum_{j=1}^{m} P_{ij}\ln\left(P_{ij}\right)}{2\ln(n)}$$

式中：$C_{\max}$为聚集度指数的最大值；n为景观中斑块类型总数；P_{ij}为斑块类型i与j相邻的概率。

4.1.9 各生态系统类型变化方向（生态系统类型转移矩阵与转移比例）

4.1.9.1 指标含义

借助生态系统类型转移矩阵全面具体地分析区域生态系统变化的结构特征与各类型变化的方向。转移矩阵的意义在于它不但可以反映研究期初、研究期末的土地利用类型结构，而且还可以反映研究时段内各土地利用类型的转移变化情况，便于了解研究期初各类型土地的流失去向以及研究期末各土地利用类型的来源与构成。

4.1.9.2 计算方法

在对生态系统类型转移矩阵计算的基础上，还可以计算生态系统类型转移比例，计算公式如下：

$$\begin{cases} A_{ij} = a_{ij} \times 100 / \sum_{j=1}^{n} a_{ij} \\ B_{ij} = a_{ij} \times 100 / \sum_{i=1}^{n} a_{ij} \\ \text{变化率（\%）} = (\sum_{i=1}^{n} a_{ij}) / \sum_{j=1}^{n} a_{ij} \end{cases}$$

式中：i为研究初期生态系统类型；j为研究末期生态系统类型；a_{ij}为生态系统类型的面积；A_{ij}为研究初期第i种生态系统类型转变为研究末期第j种生态系统类型的比例；B_{ij}为研究末期第j种生态系统类型中由研究初期的第i种生态系统类型转变而来的比例。

4.1.10 生态系统综合变化率

4.1.10.1 指标含义

定量描述生态系统的变化速度。生态系统综合变化率综合考虑了研究时段内生态系统类型间的转移，着眼于变化的过程而非变化结果，反映研究区生态系统类型变化的剧烈程度，便于在不同空间尺度上找出生态系统类型变化的热点区域。

4.1.10.2 计算方法

计算公式如下：

$$EC(\%)=\frac{\sum_{i=1}^{n}\Delta ECO_{i-j}}{\sum_{i=1}^{n}ECO_i}\times 100$$

式中：ECO_i为监测起始时间第i类生态系统类型面积；ECO_i根据全国生态系统类型图矢量数据在ARCGIS平台下进行统计获取；$\Delta ECO_{i\text{-}j}$为监测时段内第i类生态系统类型转为非i类生态系统类型面积的绝对值；$\Delta ECO_{i\text{-}j}$根据生态系统转移矩阵模型获取。

4.1.11 类型相互转化强度（土地覆被转类指数）

4.1.11.1 指标含义

土地覆被转类指数（Land Cover Chang Index）反映土地覆被类型在特定时间内变化的总体趋势。

4.1.11.2 计算方法

$$LCCI_{ij}(\%)=\frac{\sum\left\lfloor A_{ij}\times\left(D_a-D_b\right)\right\rfloor}{A_{ij}}\times100$$

式中：$LCCI_{ij}$为某研究区土地覆被转类指数，$LCCI_{ij}$值为正表示此研究区总体上土地覆被类型转好，$LCCI_{ij}$值为负表示此研究区总体上土地覆被类型转差；i为研究区；j为土地覆被类型j=1，…，n；A_{ij}为某研究区土地覆被一次转类的面积；D_a为转类前级别；D_b为转类后级别。

4.2 评估数据源

生态系统构成与格局及其十年变化评估主要利用国家项目组遥感解译获取的2000年、2005年和2010年3期河南省生态系统分类数据。

4.2.1 遥感解译数据源

全国土地覆盖解译数据源包括遥感影像、辅助数据及相关资料，遥感影像和辅助数据需求列表分别见表4-2、表4-3。

表 4-2 遥感数据

卫星种类	传感器	分辨率（m）	时相	范围
HJ-1	CCD	30	2010年（生长季、非生长季）	全国
Landsat	TM ETM+	30	2000年、2005年、2010年 （生长季、非生长季）	
SPOT5		5/2.5	2010年	选用SPOT5（2.5M），分布位置为以经纬度的交叉点（以1度为间隔）为中心，面积为10km×10km，全国总计960个点
ENVISAT ASAR ERS 1/2	Radar	30	2000年、2005年、2010年	全国

表 4–3 辅助数据

<table>
<tr><th colspan="2">基础数据</th><th>数据时间</th><th>数据格式</th><th>投影格式</th><th>比例尺
（分辨率）</th></tr>
<tr><td colspan="2" rowspan="2">数字高程（DEM）</td><td>最新</td><td>栅格.grid</td><td>国家2000或WGS84</td><td>1:25万
1:5万</td></tr>
<tr><td>最新</td><td>栅格.tif</td><td>国家2000或WGS84</td><td>30m和90mSTER数据</td></tr>
<tr><td colspan="2">行政边界</td><td>最新</td><td>矢量.shp</td><td>国家2000或WGS84</td><td>1:100万</td></tr>
<tr><td colspan="2">气象数据</td><td>2000—2010年</td><td>txt</td><td></td><td></td></tr>
<tr><td colspan="2">流域分区</td><td>最新</td><td>矢量.shp</td><td>国家2000或WGS84</td><td>1:25万
1:5万</td></tr>
<tr><td colspan="2">河网</td><td>最新</td><td>矢量.shp</td><td>国家2000或WGS84</td><td>1:25万</td></tr>
<tr><td colspan="2">植被类型</td><td>最新</td><td>矢量.shp</td><td>国家2000或WGS84</td><td>1:100万</td></tr>
<tr><td colspan="2">生态系统类型分布</td><td>最新</td><td>矢量.shp</td><td>国家2000或WGS84</td><td>1:100万</td></tr>
<tr><td colspan="2">土地利用数据</td><td>2000—2010年</td><td>矢量.shp</td><td>国家2000或WGS84</td><td>1:10万</td></tr>
<tr><td colspan="2">土壤类型</td><td>最新</td><td>矢量.shp</td><td>国家2000或WGS84</td><td>1:100万</td></tr>
<tr><td rowspan="8">功能区划</td><td>主体功能区</td><td>最新</td><td>国家2000或WGS84</td><td>国家2000或WGS84</td><td>1:100万</td></tr>
<tr><td>生态建设区</td><td>最新</td><td>国家2000或WGS84</td><td>国家2000或WGS84</td><td>1:100万</td></tr>
<tr><td>环境功能</td><td>最新</td><td>国家2000或WGS84</td><td>国家2000或WGS84</td><td>1:100万</td></tr>
<tr><td>环境功能区</td><td>最新</td><td>国家2000或WGS84</td><td>国家2000或WGS84</td><td>1:100万</td></tr>
<tr><td>脆弱区</td><td>最新</td><td>国家2000或WGS84</td><td>国家2000或WGS84</td><td>1:100万</td></tr>
<tr><td>水功能区</td><td>最新</td><td>国家2000或WGS84</td><td>国家2000或WGS84</td><td>1:100万</td></tr>
<tr><td>自然保护区</td><td>最新</td><td>国家2000或WGS84</td><td>国家2000或WGS84</td><td>1:100万</td></tr>
<tr><td>水源地保护区</td><td>最新</td><td>国家2000或WGS84</td><td>国家2000或WGS84</td><td>1:100万</td></tr>
</table>

4.2.2 遥感土地覆盖分类体系

按照国家项目组确定的生态系统分类，共有9个一级类、19个二级类、38个三级分类，详见表4-4。

表 4-4 全国生态系统遥感解译分类体系

代码	Ⅰ级	代码	Ⅱ级	代码	Ⅲ级	指标
1	森林	11	阔叶林	111	常绿阔叶林	自然或半自然植被，H=3~30m，C>20%，不落叶，阔叶
				112	落叶阔叶林	自然或半自然植被，H=3~30m，C>20%，落叶，阔叶
		12	针叶林	121	常绿针叶林	自然或半自然植被，H=3~30m，C>20%，不落叶，针叶
	森林			122	落叶针叶林	自然或半自然植被，H=3~30m，C>20%，落叶，针叶
		13	针阔混交林	131	针阔混交林	自然或半自然植被，H=3~30m，C>20%，25%<F<75%
		14	稀疏林	141	稀疏林	自然或半自然植被，H=3~30m，C=4%~20%
2	灌丛	21	阔叶灌丛	211	常绿阔叶灌木林	自然或半自然植被，H=0.3~5m，C>20%，不落叶，阔叶
				212	落叶阔叶灌木林	自然或半自然植被，H=0.3~5m，C>20%，落叶，阔叶
		22	针叶灌丛	221	常绿针叶灌木林	自然或半自然植被，H=0.3~5m，C>20%，不落叶，针叶
		23	稀疏灌丛	231	稀疏灌木林	自然或半自然植被，H=0.3~5m，C=4%~20%
3	草地	31	草地	311	草甸	自然或半自然植被，K>1.5，土壤水饱和，H=0.03~3m，C>20%
				312	草原	自然或半自然植被，K=0.9~1.5，H=0.03~3m，C>20%

（续表）

代码	Ⅰ级	代码	Ⅱ级	代码	Ⅲ级	指标
3	草地	31	草地	313	草丛	自然或半自然植被，K>1.5，H=0.03～3m，C>20%
				314	稀疏草地	自然或半自然植被，H=0.03～3m，C=4%~20%
4	湿地	41	沼泽	411	森林沼泽	自然或半自然植被，T>2或湿土，H=3～30m，C>20%
				412	灌丛沼泽	自然或半自然植被，T>2或湿土，H=0.3～5m，C>20%
				413	草本沼泽	自然或半自然植被，T>2或湿土，H=0.03～3m，C>20%
		42	湖泊	421	湖泊	自然水面，静止
				422	水库/坑塘	人工水面，静止
		43	河流	431	河流	自然水面，流动
				432	运河/水渠	人工水面，流动
5	耕地	51	耕地	511	水田	人工植被，土地扰动，水生作物，收割过程
				512	旱地	人工植被，土地扰动，旱生作物，收割过程
		52	园地	521	乔木园地	人工植被，H=3～30m，C>20%
				522	灌木园地	人工植被，H=0.3～5m，C>20%
6	城镇	61	居住地	611	居住地	人工硬表面，居住建筑
		62	城市绿地	621	乔木绿地	人工植被，人工表面周围，H=3～30m，C>20%
				622	灌木绿地	人工植被，人工表面周围，H=0.3～5m，C>20%
				623	草本绿地	人工植被，人工表面周围，H=0.03～3m，C>20%
		63	工矿交通	631	工业用地	人工硬表面，生产建筑
				632	交通用地	人工硬表面，线状特征
				633	采矿场	人工挖掘表面

（续表）

代码	Ⅰ级	代码	Ⅱ级	代码	Ⅲ级	指标
7	荒漠	71	荒漠	711	沙漠/沙地	自然，松散表面，沙质
				712	苔藓/地衣	自然，微生物覆盖
8	冰川/永久积雪	81	冰川/永久积雪	811	冰川/永久积雪	自然，水的固态
9	裸地	91	裸地	911	裸岩	自然，坚硬表面
				912	裸土	自然，松散表面，壤质
				913	盐碱地	自然，松散表面，高盐分

4.3 评估方法

根据生态系统土地覆盖分类系统，提取各种生态系统空间结构分布信息，得到河南省生态系统类型与空间分布、各类生态系统构成。通过面积单元统计、动态度计算、转移矩阵和景观格局指数等指标和方法，分析河南省各生态系统类型的分布和结构及其十年变化、生态系统类型转换时空变化特征、各生态系统内部结构特征及其十年变化、生态系统景观格局特征。

4.4 评估结果

4.4.1 生态系统类型与分布

4.4.1.1 生态系统类型

河南省域有森林、灌丛、草地、湿地、耕地、城镇、裸地7种一级生态系统类型，有阔叶林、针叶林、阔叶灌丛、耕地、园地、居住地等15种二级生态系统类型，有落叶阔叶林、针阔混交林、水田、旱地、乔木园地、灌木园地等27个三级生态系统类型（表4-5）。

表 4–5 河南省生态系统类型

代码	Ⅰ级	代码	Ⅱ级	代码	Ⅲ级
1	森林	11	阔叶林	111	常绿阔叶林
				112	落叶阔叶林
		12	针叶林	121	常绿针叶林
		13	针阔混交林	131	针阔混交林
		14	稀疏林	141	稀疏林
2	灌丛	21	阔叶灌丛	212	落叶阔叶灌木林
3	草地	31	草地	311	草甸
				313	草丛
4	湿地	41	沼泽	413	草本沼泽
		42	湖泊	421	湖泊
				422	水库/坑塘
		43	河流	431	河流
				432	运河/水渠
5	耕地	51	耕地	511	水田
				512	旱地
		52	园地	521	乔木园地
				522	灌木园地
6	城镇	61	居住地	611	居住地
		62	城市绿地	621	乔木绿地
				622	灌木绿地
				623	草本绿地
		63	工矿交通	631	工业用地
				632	交通用地
				633	采矿场
7	裸地	91	裸地	912	裸岩
				913	裸土
				914	盐碱地

4.4.1.2 生态系统类型分布

河南省森林生态系统主要分布在河南省北部太行山、西部的伏牛山和南部的桐柏—大别山等山区。灌丛生态系统主要分布在河南省北部太行山、西部的伏牛山和南部的桐柏—大别山等的浅山丘陵区。草地生态系统面积较小，主要分布在安阳西部的太行山脉、三门峡北部、洛阳西北部以及南阳的北部。湿地生态系统主要分布在黄河湿地、宿鸭湖等自然保护区。耕地生态系统主要分布在豫东黄淮海平原、豫北沁河、卫河平原、南阳盆地和伊洛河盆地等区域（图4-1、图4-2）。

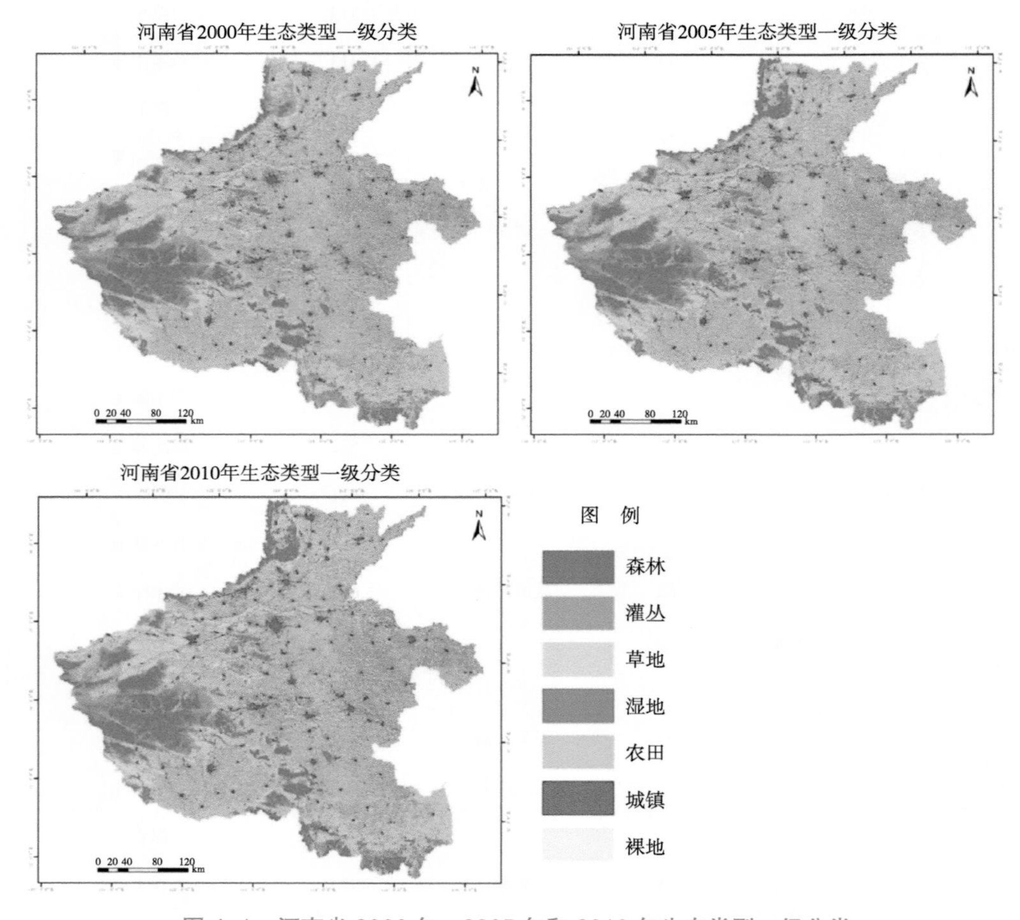

图 4-1 河南省 2000 年、2005 年和 2010 年生态类型一级分类

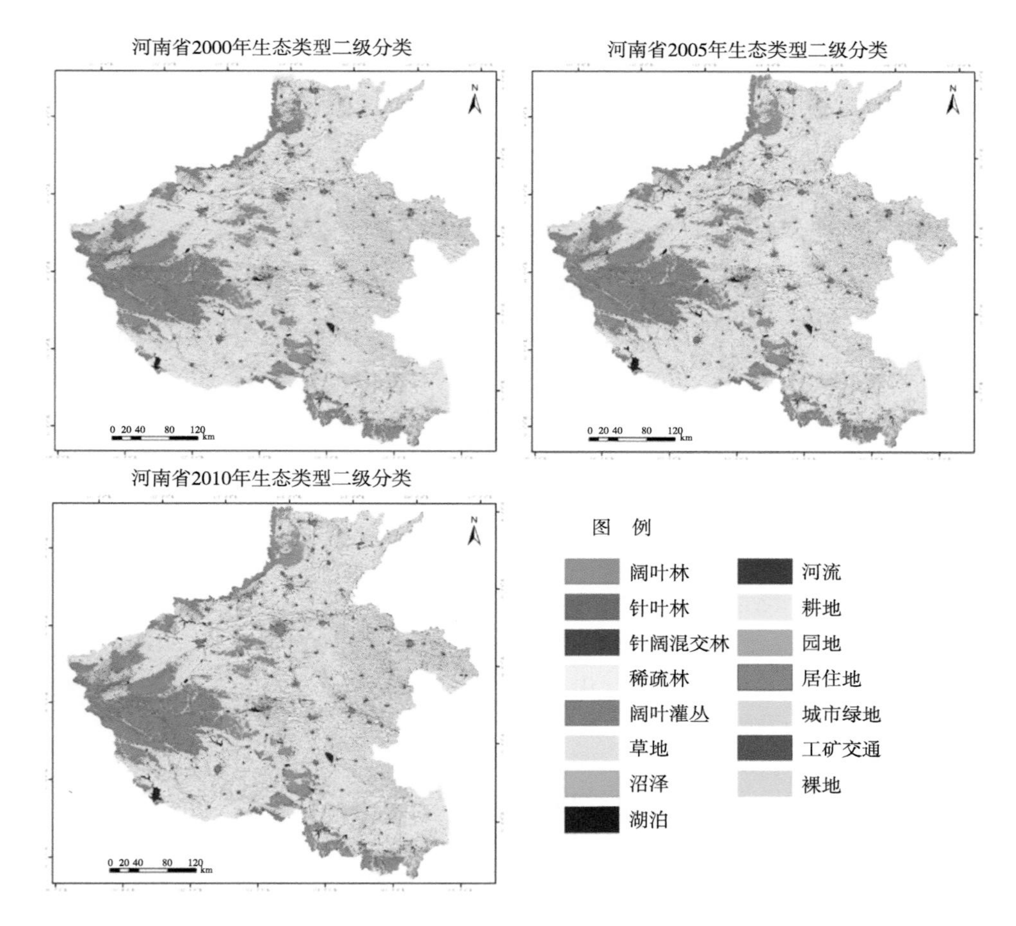

图 4-2　河南省 2000 年、2005 年和 2010 年生态类型二级分类

4.4.2　各类型生态系统构成与比例变化

河南省以耕地、森林、城镇生态系统为主，共占河南省总面积的86%以上。耕地生态系统以旱地、水田为主，2000—2010年河南省耕地生态系统面积呈现较少变化趋势，由106 316.2km^{2}减少到104 870.6km^2，减少了1 445.6km^2，占河南省国土总面积比例由64.2%降低到63.3%，减少了0.9%；森林生态系统以阔叶林、针叶林为主，2000—2010年森林生态系统面积呈先减后增长的变化趋势，由19 598.9km^{2}增长到20 823.4km^2，增长了1 224.5km^2，占河南省国土总面积比例由11.8%提高到12.6%，增长了

0.8%；城镇生态类型以居住地、城市绿地和工矿为主，2000—2010年河南省城镇用地呈现持续增长的变化趋势，由17 391.6km^{2}增长到19 182.0km^2，增长了1 790.02km^2，占河南省国土总面积比例由10.5%提高到11.6%，增长了1.1%（表4-6、图4-3）。

表 4-6 河南省各生态系统类型面积

Ⅰ级	Ⅱ级	Ⅲ级	2000年		2005年		2010年	
			面积（km^2）	比例（%）	面积（km^2）	比例（%）	面积（km^2）	比例（%）
森林	阔叶林	常绿阔叶林	0.9	0.0	1.6	0.0	0.9	0.0
		落叶阔叶林	16 210.5	9.8	12 430.5	7.5	17 405.1	10.5
		合计	16 211.4	9.8	12 432.3	7.5	17 406	10.5
	针叶林	常绿针叶林	2 088	1.3	3 009.2	1.8	2 129	1.3
		合计	2 088	1.3	3 009.2	1.8	2 129	1.3
	针阔混交林	针阔混交林	1 115.7	0.7	621.2	0.4	1 104.6	0.7
		合计	1 115.7	0.7	621.2	0.4	1 104.6	0.7
	稀疏林	稀疏林	183.8	0.1	341	0.2	183.8	0.1
		合计	183.8	0.1	341	0.2	183.8	0.1
	合计		19 598.9	11.8	16 403.8	9.9	20 823.4	12.6
灌丛	阔叶灌丛	落叶阔叶灌木林	15 235.8	9.2	7 943.2	4.8	13 398.7	8.1
		合计	15 235.8	9.2	7 943.2	4.8	13 398.7	8.1
	合计		15 235.8	9.2	7 943.2	4.8	13 398.7	8.1
草地	草地	草甸	0.1	0.0	1.9	0.0	1	0.0
		草丛	4 137.3	2.5	2 990.3	1.8	4 156.6	2.5
		合计	4 137.4	2.5	2 992.1	1.8	4 157.7	2.5
	合计		4 137.4	2.5	2 992.1	1.8	4 157.7	2.5
湿地	沼泽	草本沼泽	100.8	0.1	119.3	0.1	115.6	0.1
		合计	100.8	0.1	119.3	0.1	115.6	0.1
	湖泊	湖泊	111.4	0.1	224.8	0.1	111.5	0.1
		水库/坑塘	1 298.1	0.8	1 518.2	0.9	1 502.5	0.9
	合计		1 409.5	0.9	1 743	1.1	1 614	1.0
	河流	河流	889.5	0.5	1 021.7	0.6	863.2	0.5
		运河/水渠	288.4	0.2	448.3	0.3	294.2	0.2
		合计	1 177.9	0.7	1 470	0.9	1 157.3	0.7
	合计		2 688.2	1.6	3 332.5	2.0	2 886.9	1.7

（续表）

Ⅰ级	Ⅱ级	Ⅲ级	2000年		2005年		2010年	
			面积（km^2）	比例（%）	面积（km^2）	比例（%）	面积（km^2）	比例（%）
耕地	耕地	水田	9 396.2	5.7	16 598	10.0	9 123.2	5.5
		旱地	96 696	58.4	113 978.6	68.8	95 564.3	57.7
		合计	106 092.1	64.0	130 576.7	78.8	104 687.5	63.2
	园地	乔木园地	224	0.1	271.6	0.2	177.8	0.1
		灌木园地	0.1	0.0	6.6	0.0	6.6	0.0
		合计	224	0.1	278.2	0.2	184.4	0.1
	合计		106 316.2	64.2	130 854.7	79.0	104 871.9	63.3
城镇	居住地	居住地	16 703.2	10.1	21 756.7	13.1	18 196.4	11.0
		合计	16 703.2	10.1	21 756.7	13.1	18 196.4	11.0
	城市绿地	乔木绿地	0	0.0	0.6	0.0	0.7	0.0
		灌木绿地	0	0.0	0	0.0	0.2	0.0
		草本绿地	0	0.0	11.3	0.0	12.4	0.0
		合计	0	0.0	11.9	0.0	13.4	0.0
	工矿	工业用地	384.3	0.2	398.6	0.2	414.9	0.3
		交通用地	304.2	0.2	582.9	0.4	491.1	0.3
		采矿场	0	0.0	58.3	0.0	66.1	0.0
		合计	688.4	0.4	1 039.8	0.6	972.1	0.6
	合计		17 391.7	10.5	22 808.4	13.8	19 181.9	11.6
裸地	裸地	裸岩	13.2	0.0	12.9	0.0	13.2	0.0
		裸土	265.7	0.2	294.1	0.2	315.2	0.2
		盐碱地	1.4	0.0	1.4	0.0	1.4	0.0
		合计	280.4	0.2	308.5	0.2	329.8	0.2
	合计		280.4	0.2	308.5	0.2	329.8	0.2

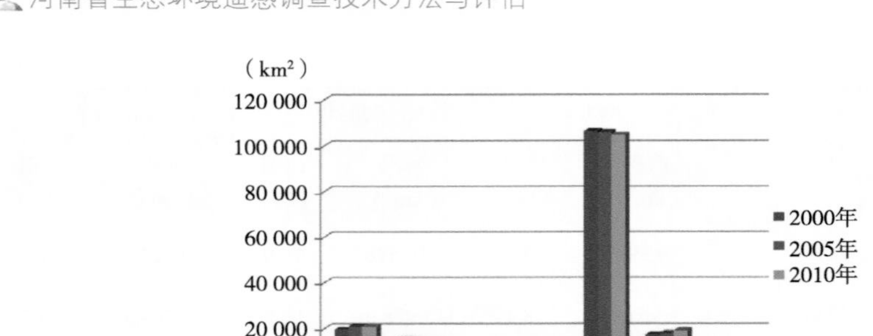

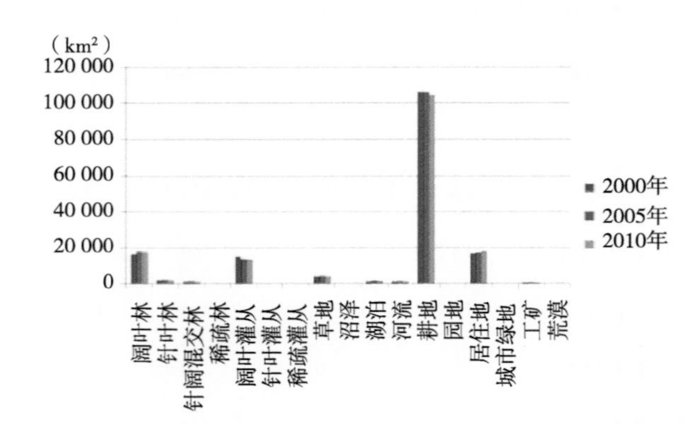

图 4-3　河南省一级、二级生态系统类型面积变化趋势

4.4.3　生态系统类型转换特征分析

4.4.3.1　一级生态系统类型转化特征

2000—2010年森林、耕地生态系统向城镇生态系统及灌丛生态系统向森林生态系统转变特征显著，其中森林、耕地生态系统向城镇生态系统转移面积分别为787km^2、1 013.7km^2，转移率分别为4.2%和0.9%，集中分布在城镇周边地区，主要原因为城镇建设用地需求增长，对周边森林、耕地生态系统的蚕食；部分灌丛转变为森林，转移面积为1 820.7km^2，转移率为11.9%，集中分布在太行山东部及桐柏—大别山东部，主要是受到太行山绿化工程与淮河源国家级生态功能保护区植树造林工程的影响，乔木林不断增加（表4-7）。

表 4-7　一级生态系统分布与构成转移矩阵

单位：km^2

年代	类型	森林	灌丛	草地	湿地	耕地	城镇
2000—2005年	森林	18 735.1	19.4	0.1	1.9	839.6	2.8
	灌丛	1 885.4	13 294.3	8	1.8	38.4	7.4
	草地	1.2	2.7	4 110.1	1.3	3.3	17.9
	湿地	1.4	1.5	1.2	2 538.3	119.8	8.7
	耕地	285.5	34.4	42.8	387.9	104 504.7	1 033.9
	城镇	6.9	0.9	6.2	12.1	478.4	16 887.1
2000—2010年	森林	18 760.5	5.4	0.5	0.9	44.7	787
	灌丛	1 820.7	13 371.4	8.5	1.1	27.8	6.1
	草地	0.2	0.8	4 117.6	0.2	0.7	17.1
	湿地	1.1	1.7	1.3	2 567.3	87.5	6.8
	耕地	239.6	18.4	29.6	308.7	104 670.4	1013.7
	城镇	0.9	0.4	0	3.6	36.2	17 350.4
2005—2010年	森林	20 767.5	90.6	4	0.2	46.9	7.1
	灌丛	41.2	13 293.1	2.7	0	16.7	0.6
	草地	0.2	1.8	4 136.5	0.1	20.5	9.3
	湿地	1	1	1.4	2 716.2	184.9	12.1
	耕地	12.7	9.2	9.6	157.1	104 422.1	1365.9
	城镇	1.2	3.6	3.4	3.2	160.4	17 786.9

河南省十年间一级生态系统综合动态度（EC）为2.5%，变化过程由2000—2005年的2.9%减小到2005—2010年的0.3%，呈现减小趋势，表明生态类型变化的剧烈程度降低，趋向稳定。十年间一级生态系统动态类型相互转化强度为-0.2%，表明总体土地覆盖类型呈现出稍有变差趋势，整个过程呈现先转好后转差的变化过程（图4-4、表4-8、表4-9）。

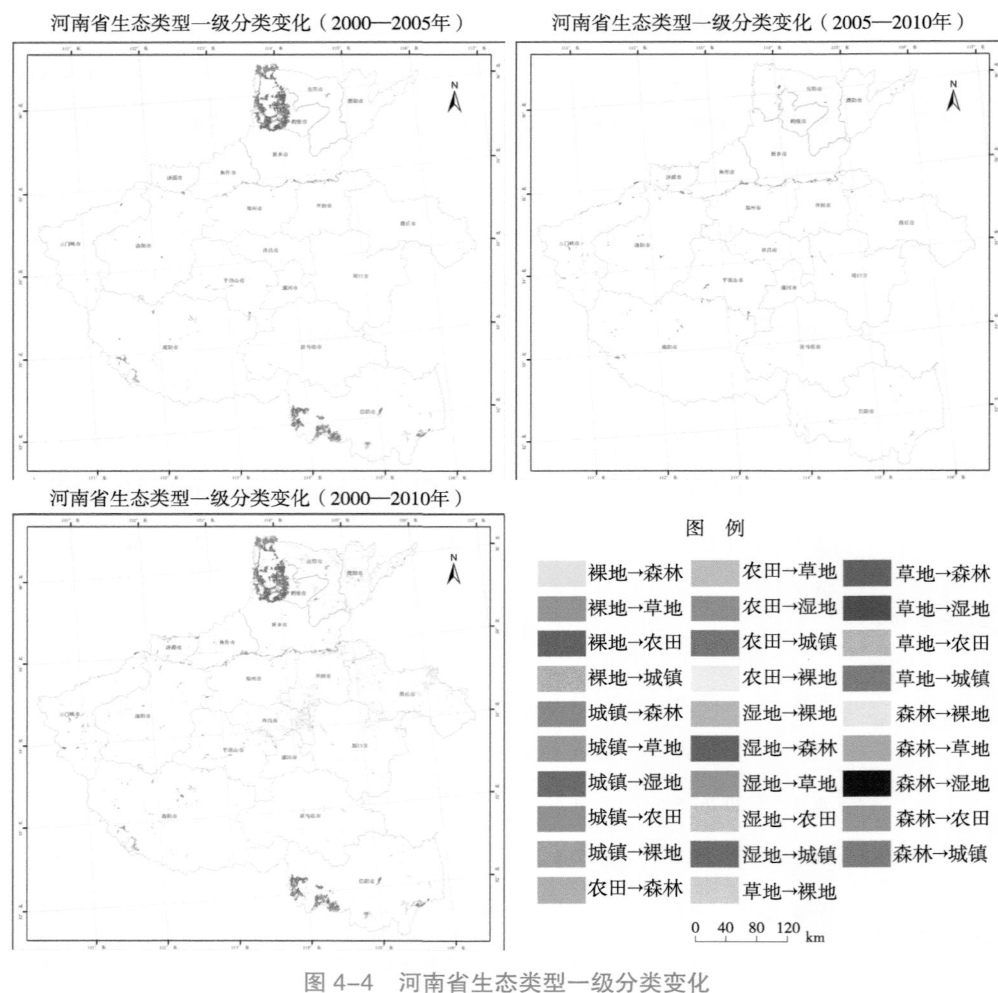

图 4-4 河南省生态类型一级分类变化

表 4-8 一级综合生态系统动态度

综合生态系统动态度	2000—2005年	2000—2010年	2005—2010年
EC（%）	2.9	2.5	0.3

表 4-9 一级生态系统动态类型相互转化强度

类型相互转化强度	2000—2005年	2000—2010年	2005—2010年
$LCCI_{ij}$（%）	0.8	−0.2	−0.7

4.4.3.2 二级生态系统类型转换特征

2000—2010年阔叶林、耕地生态系统向居住地及阔叶灌丛生态系统向阔叶林森林生态系统转变特征显著，其中阔叶林、耕地生态系统向居住地转移面积分别为785.9km^2、725.6km^2，集中分布在居住地周边地区，主要原因为居住建设用地需求不断增长，对周边阔叶林、耕地生态系统的蚕食；部分阔叶灌丛转变为阔叶森林，转移面积为1 782km^2，集中分布在太行山东部及桐柏—大别山东部，主要是受到太行山绿化工程与淮河源国家级生态功能保护区植树造林工程的影响，乔木林不断增加（图4-5、表4-10）。

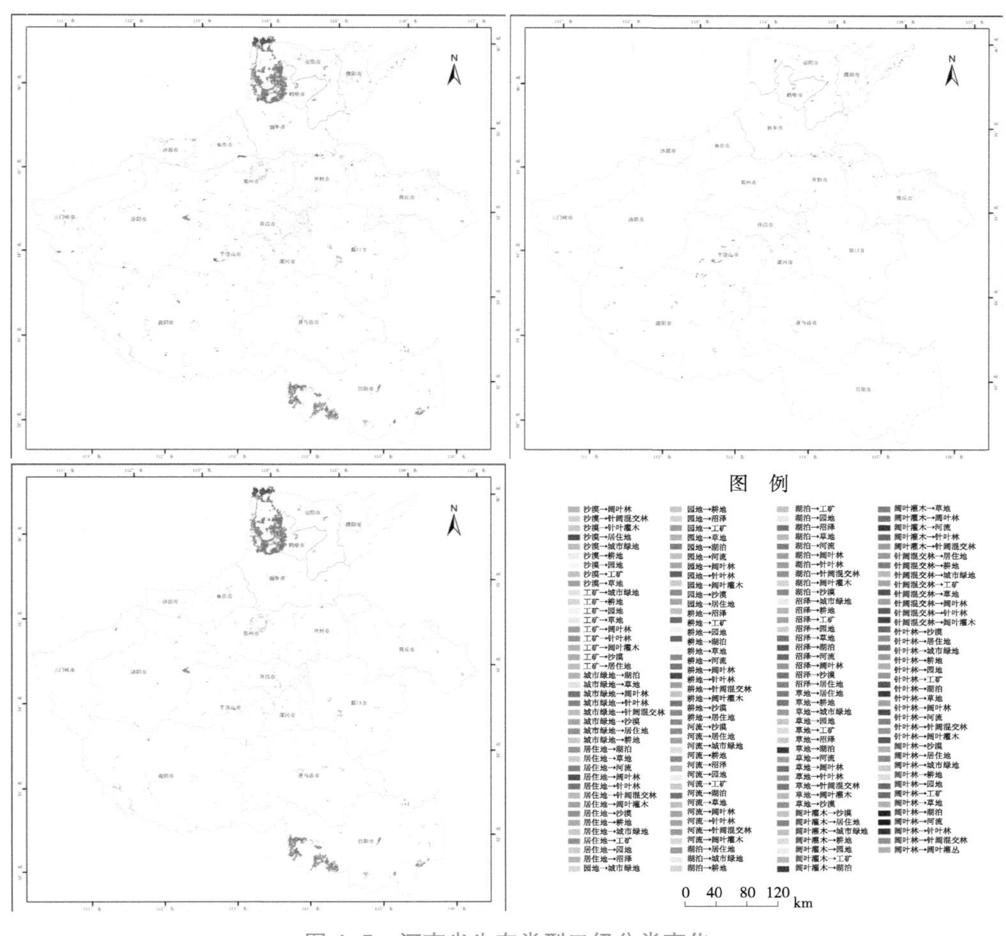

图 4–5 河南省生态类型二级分类变化

表 4-10　二级生态系统分布与构成转移矩阵

单位：km^2

年份	类型	阔叶林	针叶林	针阔混交林	稀疏林	阔叶灌丛	草地	沼泽	湖泊	河流	耕地	园地	居住地	城市绿地	工矿
2000—2005年	阔叶林	15 337.2	4.7	6.1	—	19.4	0.1	0.7	0.9	—	834.5	4.9	1.8	0.6	0.2
	针叶林	1.6	2 086	—	—	—	—	—	0.1	—	0.2	—	—	—	—
	针阔混交林	10.4	0.6	1 104.4	—	—	—	—	—	—	—	—	—	—	—
	稀疏林	—	—	—	183.8	—	—	—	—	—	—	—	—	—	—
	阔叶灌丛	1 812.2	46.6	26.5	—	13 294.3	8	—	1.7	0.1	37.5	1	7	—	0.4
	草地	1.2	—	—	—	2.7	4 110.1		1.3	0	3.3	—	9.3	7.2	1.4
	沼泽	0	—	—	—	0	0.1	84.7	1.6	11.7	2.4	—	—	—	—
	湖泊	0.8	—	—	—	1.3	1	0.3	1 335.7	0.7	52.3	8.7	3	—	2.6
	河流	0.6	—	—	—	0.2	0.2	4.8	5.7	1 093.2	55.9	0.4	1.8	—	1.3
	耕地	269.4	4	0.1	1.4	34.4	42.8	13.5	250.6	123.8	104 180.9	111.7	732.8	1.7	298.5
	园地	10.8	—	—	—	—	—	—	—	—	65.2	146.9	0.6		0.3
	居住地	6.4	—	—	0.3	0.6	5.7	6.8	3.5	0.7	393.1	6.1	16 273.6		6.4
	城市绿地	—	—	—	—	—	—	—	—	—	—	—	—	—	—
	工矿	—	0.3	—	—	0.3	0.4	0	1.1	0.2	77.7	1.4	2.2	—	604.8
2000—2010年	阔叶林	1 5372.4	0.8	—	—	5.3	0.5	0.7	—	—	44.6		785.9	0.7	0.2
	针叶林	1.6	2 086.1	—	—	—	—	—	0.1	—	0.1	—	—	—	—
	针阔混交林	10.5	0.6	1 104.3	—	—	—	—	—	—	—	—	—	—	—
	稀疏林	0.5	—	—	183.3	—	—	—	—	—	—	—	—	—	—
	阔叶灌丛	1782	38.4	0.2	—	13 371.4	8.5		1	—	27.8	—	4.2	0.2	1.6
	草地	0.2	—	—	—	0.8	4 117.6		0.2	—	0.7	—	4.6	10.4	1.9
	沼泽	—	—	—	—	—	0.1	98.4	1.3	0.4	0.4	—	—	—	—

（续表）

年份	类型	阔叶林	针叶林	针阔混交林	稀疏林	阔叶灌丛	草地	沼泽	湖泊	河流	耕地	园地	居住地	城市绿地	工矿
2000—2010年	湖泊	0.6	—	—	—	1.5	1.1	0.6	1 368.9	0.2	32.4	—	2.4	—	1.9
	河流	0.6	—	—	—	0.2	0.2	10.1	5.4	1 081.9	54.7	—	2.3	—	0.1
	耕地	225.1	3.2	0.1	0.5	18.4	29.6	5.4	230.6	72.7	104 443.9	13.6	725.6	1.8	286.2
	园地	10.8	—	—	—	—	—	—	—	—	42.7	170.3	0.1	—	—
	居住地	0.9	—	—	—	0.1	—	—	2.8	0.1	26.4	0.4	16 669.4	—	3
	城市绿地	—	—	—	—	—	—	—	—	—	—	—	—	—	—
	工矿	—	—	—	—	0.3	—	—	0.5	0.2	9.3	—	1.6	0.1	676.2
2005—2010年	阔叶林	17 340	0.4	—	—	55.6	4	—	0.2	—	44.6	—	6.6	—	—
	针叶林	4.3	2 127.6	—	—	8.6	—	—	—	—	1.3	—	—	—	0.3
	针阔混交林	6.2	—	1 104.6	—	26.3	—	—	—	—	—	—	—	—	—
	稀疏林	0.5	—	—	183.8	—	—	—	—	—	0.9	—	0.3	—	—
	阔叶灌丛	40.7	0.5	—	—	13 293.1	2.7		—	—	16.7	—	0.6	—	—
	草地	0.2	—	—	—	1.8	4 136.5	0	0.1	—	20.5	—	8.9	—	0.5
	沼泽	—	—	—	—	0	0	92.6	0.1	1	9.8	—	7.2	—	—
	湖泊	0.9	—	—	—	0.9	1.4	0.8	1 496.5	0.9	100.1	—	2.2	—	1.2
	河流	0	—	—	—	0.1		19.2	1.4	1 103.6	75	—	1.1	—	0.2
	耕地	7	0.7	—	—	8.2	9.6	2.7	99.1	43.9	104 139	27.6	1 246.5	0.8	109.6
	园地	4.9	—	—	—	1			11.1		99.7	155.7	7.4	—	1.5
	居住地	1.1	—	—	—	3.6	3.3	0	0.9	0.1	110.1	0.6	16 908.5	2.7	1.2
	城市绿地	—	—	—	—	—	—	—	—	—	—	—	—	9.6	—
	工矿	0.1	—	—	—	—	0.2	0	0.9	1.2	49.4	0.3	7	0.2	857.5

4.4.4 生态系统景观格局特征分析与变化

4.4.4.1 一级生态系统景观格局特征及其变化

2000—2010年生态系统景观指数变化表明，河南省一级生态系统呈现出景观构成复杂程度降低、景观完整性提升、破碎化程度降低的总体变化过程。十年间斑块数（NP）减少了13.89%个，生态景观构成越复杂程度在降低；平均斑块面积增长了16%，聚集度指数（CONT）增加了0.34%，边界密度（ED）减少了2.05%，表明生态系统景观完整性提升，破碎化程度降低（表4-11）。

表 4-11 一级生态系统景观格局特征及其变化

年份	斑块数（NP）	平均斑块面积MPS（hm^2）	边界密度ED（m/hm^2）	聚集度指数CONT（%）
2000	225 406	73.489 1	28.736 9	87.043 9
2005	201 667	82.143 8	28.080 4	87.339 1
2010	194 103	85.341 8	28.139 5	87.343 0

河南省一级生态系统景观完整性总体趋好，但景观内部变化较为复杂。由类平均面积指数可知，耕地类平均斑块面积最大，森林次之。受河南省城镇扩展、农村居民点扩张及交通道路发展影响，十年间由于耕地斑块数（NP）增加，类斑块面积减小，景观完整性减弱，破碎化程度加强。近年来河南省强化林业生态省建设，加快中原生态涵养区、太行山地生态区、伏牛山地生态区、桐柏大别山地生态区四大块发展，实施林业提升工程，加大植树造林与封山育林力度，森林面积持续增长，十年间森林斑块数（NP）减少，类斑块面积增加，景观完整性增强，破碎化程度降低（表4-12）。

表 4-12 一级生态系统类斑块平均面积

单位：hm^2

年份	项目	森林	灌丛	草地	湿地	耕地	城镇	裸地
2000	NP	42 429	22 382	13 159	23 248	20 249	101 901	2 191
	MPS	46.19	68.07	31.46	11.57	525.09	17.06	12.76
2005	NP	17 756	22 304	13 141	22 879	21 611	102 261	1 975
	MPS	117.80	59.88	31.74	13.09	490.66	17.54	13.00
2010	NP	17 786	22 311	13 050	22 885	20 295	95 645	2 031
	MPS	177.08	60.06	31.88	12.62	516.76	20.06	16.23

4.4.4.2 二级生态系统景观格局特征及其变化

河南省二级生态类型景观格局构成越复杂程度降低、完整性增强、破碎度程度降低。2000—2010年斑块数（NP）不断减少，由2000年的250 587个减少到2010年的222 121个，十年间减少了28 466个，降幅为11%；2000年、2005年和2010年平均斑块面积（MPS）分别为66.104 3hm^2、72.209 7hm^2和74.576 9hm^2，十年间增加了8.472 6hm^2，增长了12.8%。2000年、2005年和2010年边界密度（ED）分别为30.645 7m/hm^2、30.193 8m/hm^2和30.243 9m/hm^2，十年减少了0.4m/hm^2。2000年、2005年和2010年聚集度指数（CONT）分别为86.189 7%、86.393 2%和86.371 1%，增长了0.18%（表4-13）。

表 4-13 二级生态系统景观格局特征及其变化

年份	斑块数NP（个）	平均斑块面积MPS（hm^2）	边界密度ED（m/hm^2）	聚集度指数CONT（%）
2000	250 587	66.104 3	30.645 7	86.189 7
2005	229 411	72.209 7	30.193 8	86.393 2
2010	222 121	74.576 8	30.243 9	86.371 1

4.5 小结

（1）生态系统构成类型多样，空间分布特征明显。河南省生态系统类型一级分类有7种，二级分类有15种，三级分类有27种。其中，一级分类中以耕地、森林、城镇及灌丛生态系统为主，共占河南省国土总面积的95%以上；二级分类中以耕地、居住地、阔叶林、阔叶落叶灌丛为主，共占河南省总国土面积的93%左右。森林、灌丛生态系统主要分布在河南省北部太行山、西部的伏牛山和南部的桐柏—大别山等山区。草地生态系统面积较小，主要分布在安阳西部的太行山脉、三门峡北部、洛阳西北部以及南阳的北部。湿地生态系统主要分布在沿黄河两岸及宿鸭湖、丹江口、博山水库等区域。耕地生态系统主要分布在豫东黄淮海平原、豫北沁河、卫河平原、南阳盆地和伊洛河盆地等区域。

（2）十年来河南省生态系统格局总体以人工生态系统变化为主，农田城镇转移面积较大，自然生态系统基本保持稳定。十年间，河南省森林、灌木、草地、湿地、裸地生态系统基本保持稳定，森林、农田和城镇生态系统变化较大。河南省农田生态系统所占比例明显下降，人均农田生态系统加速下降，减少的农田生态系统多数转换为城镇生态系统，且围绕城镇建成区呈向外辐射状。河南省工业化、城镇化高速发展，城镇生态系统迅速扩张。

河南省生态系统中森林、草地、灌木、湿地生态系统总体保持稳定，但城镇农田生态系统变化较大，其中农田生态系统下降了1 445.6km^2，城镇生态系统上升了1 790.4km^2。随着退耕还林、太行山绿化工程等一系列生态工程的实施，森林生态系统总体保持稳定且略有增加，增加了1 224.8km^2。湿地生态系统基本保持稳定，农田生态系统则加速下滑，“十一五”下降速度是“十五”的4倍，城市化进程影响农田生态系统；河南省城市化进程迅速，“十一五”增长速度是“十五”的2倍，其中工矿用地增加238.7km^2，居住地面积增加1 493.3km^2，居住地增幅是工矿用地的4倍。

（3）河南省生态系统破碎化程度降低，生态景观构成复杂程度在降低，生态系统稳定性得以提升。人类干扰强度明显增加，生态系统稳定性下降，2000—2010年斑块数（NP）不断减少，由2000年的225 406个减少到2010年的194 103个，十年间减少了31 303个，说明生态景观构成复杂程度在降低；斑块平均面积十年间增加了11.852 7hm^2，增长了16%，说明河南省十年间一级分类生态景观的完整性增强，破碎化程度降低。

5 生态系统质量及其十年变化评估

生态系统质量主要表征生态系统自然植被的优劣程度，反映生态系统内植被与生态系统整体状况。以长时间序列遥感数据为基础，评估生态系统的叶面积指数、植被覆盖度、净初级生产力等的变化状况及其空间格局变化，明确生态系统质量十年（2000—2010年）变化趋势与特征。

5.1 评估指标体系

生态系统质量评估主要针对森林、草地、湿地、农田等生态系统质量进行时空动态变化监测，评估包括叶面积指数、植被覆盖度、净初级生产力的年平均值及变异系数等指标（表5-1）。

表 5-1 生态系统质量评估指标体系

序号	生态系统	评估指标
1	森林	年均叶面积指数
		叶面积指数年变异系数
		叶面积指数年均变异系数
2	灌丛	年均叶面积指数
		叶面积指数年变异系数
		叶面积指数年均变异系数

（续表）

序号	生态系统	评估指标
3	草地	年均植被覆盖度 植被覆盖度年变异系数 植被覆盖度年均变异系数
4	耕地	年均净初级生产力 净初级生产力年变异系数 净初级生产力年均变异系数
5	湿地	年均净初级生产力 净初级生产力年变异系数 净初级生产力年均变异系数

5.1.1 森林生态系统质量评估指数

5.1.1.1 年均 LAI（SL_AuL_i）

$$SL\_AuL_i = \frac{\sum_{i=1}^{36} DecL_{ij}}{d}$$

式中：i为年数；j为旬数；d为1年内LAI数据总旬数；$DecL_{ij}$为第i年第j旬影像LAI值。

5.1.1.2 LAI 年变异系数（SL_CVL_i）

$$SL\_CVL_i = \frac{\sqrt{\left[\sum_{j=1}^{36}\left(DecL_{ij} - \frac{\sum_{j=1}^{36} DecL_{ij}}{d}\right)^2\right] \Big/ (d-1)}}{\frac{\sum_{j=1}^{36} DecL_{ij}}{d}}$$

式中：i为年数；j为旬数；d为1年内LAI数据总旬数；$DecL_{ij}$为第i年第j旬影像LAI值。

5.1.1.3 LAI 年均变异系数（SL_ACVL$_i$）

$$SL\_ACVL_i = \frac{\sum_{i}^{n} SL\_CVL_i}{n}$$

式中：n为灌木生态系统内影像像元数量。

5.1.2 灌丛生态系统质量评估指标

灌丛生态系统质量评估指标与森林生态系统指标相同，指标计算方法与森林生态系统一致。

5.1.3 草地生态系统质量评估指标

5.1.3.1 年均植被覆盖度（CD_AuFi）

$$CD\_AuF_i = \frac{\sum_{i=1}^{36} DecF_{ij}}{d}$$

式中：i为年数；j为旬数；d为1年内植被覆盖度数据总旬数；$DecF_{ij}$为第i年第j旬影像植被覆盖度。

5.1.3.2 植被覆盖度年变异系数（CD_CVF$_i$）

$$CD\_CVF_i = \frac{\sqrt{\left[\sum_{j=1}^{36}\left(DecF_{ij} - CD\_AuF_i\right)^2\right] \Big/ (d-1)}}{CD\_AuF_i}$$

式中：i为年数；j为旬数；d为1年内植被覆盖度数据总旬数；$DecF_{ij}$为第i年第j旬影像植被覆盖度。

5.1.3.3 植被覆盖度年均变异系数（CD_ACVFi）

$$CD\_ACVF_i = \frac{\sum_{i}^{n} CD\_CVF_i}{n}$$

式中：n为草地生态系统内影像像元数量。

5.1.4 农田生态系统质量评估指标

5.1.4.1 年均净初级生产力（NT_AuN_i）

$$NT\_AuN_i = \frac{\sum_{i=1}^{36} DecN_{ij}}{d}$$

式中：i为年数；j为旬数；d为1年内NPP数据总旬数；$DecN_{ij}$为第i年第j旬影像NPP值。

5.1.4.2 净初级生产力年总量（NT_ZN_i）

$$NT\_ZN_i = \sum_{j=1}^{36}\sum_{k=1}^{n} NT\_DecN_{ijk} \times S_k$$

式中：NT_N_{ijk}为第i年第j旬影像中第k个像元NPP值；S_k为第k个像元面积。

5.1.4.3 净初级生产力年变异系数（NT_CVN_i）

$$NT\_CVN_i = \frac{\sqrt{\left[\sum_{j=1}^{36}\left(DecN_{ij} - \frac{\sum_{j=1}^{36} DecN_{ij}}{d}\right)^2\right] \Big/ (d-1)}}{\frac{\sum_{j=1}^{36} DecN_{ij}}{d}}$$

式中：i为年数；j为旬数；d为1年内NPP数据总旬数；$DecN_{ijk}$为第i年第j旬影像。

5.1.4.4 净初级生产力年均变异系数（NT_ACVN$_i$）

$$NT\_ACVN_i = \frac{\sum_{i}^{n} NT\_CVN_i}{n}$$

式中：n为农田生态系统内影像像元数量。

5.1.5 湿地生态系统质量评估指标

5.1.5.1 年均净初级生产力（SD_AuN$_i$）

$$SD\_AuN_i = \frac{\sum_{i=1}^{36} DecN_{ij}}{d}$$

式中：i为年数；j为旬数；d为1年内NPP数据总旬数；$DecN_{ij}$为第i年第j旬影像NPP值。

5.1.5.2 净初级生产力年总量（SD_ZNi）

$$SD\_ZN_i = \sum_{j=1}^{36}\sum_{k=1}^{n} SD\_DecN_{ijk} \times S_k$$

式中：SD_N_{ijk}为第i年第j旬影像中第k个像元NPP值；S_k为第k个像元面积。

5.1.5.3 净初级生产力年变异系数（SD_CVNi）

$$SD\_CVN_i = \frac{\sqrt{\left[\sum_{j=1}^{36}\left(DecN_{ij} - \frac{\sum_{j=1}^{36} DecN_{ij}}{d}\right)^2\right] \Big/ (d-1)}}{\frac{\sum_{j=1}^{36} DecN_{ij}}{d}}$$

式中：i为年数；j为旬数；d为1年内NPP数据总旬数；$DecN_{ijk}$为第i年第j旬影像。

5.1.5.4 净初级生产力年均变异系数（SD_ACVNi）

$$SD\_ACVN_i = \frac{\sum_{i}^{n} SD\_CVN_i}{n}$$

式中：n为湿地生态系统内影像像元数量。

5.2 评估数据源

生态系统质量评估主要利用遥感解译获取的2000—2010年逐旬/逐年生态系统地表参量，包括地上生物量、叶面积指数、植被覆盖度、净初级生产力（表5-2）。

表 5-2 生态系统质量评估数据源

序号	数据	空间分辨率	时间	备注	来源
1	叶面积指数	250m/30m	2000—2010年	250m逐旬，30m逐年	中国科学院遥感所
2	植被覆盖度	250m/30m	2000—2010年	250m逐旬，30m逐年	中国科学院遥感所
3	净初级生产力	250m/30m	2000—2010年	250m逐旬，30m逐年	中国科学院遥感所

5.3 评估技术方法

5.3.1 森林生态系统

森林生态系统采用年均LAI（SL_AuLi）、LAI年变异系数（SL_CVLi）、LAI年均变异系数（SL_ACVLi）等指标进行质量评估。将SL_AuLi取值分为低、较低、中、较高、高5个等级，对应LAI取值范围分别为：0～2、2～4、4～6、6～8、8～∞，统计2000—2010年SL_AuLi各级别面积及比例。将SL_CVLi分为小、较小、中、较大、大5级，其变异系数取值分别为0～0.2、0.2～0.4、0.4～0.8、0.8～1、1～∞。

5.3.2 灌丛生态系统

灌丛生态系统评估方法与森林生态系统一致。

5.3.3 草地生态系统

草地生态系统生态质量采用年均植被覆盖度（CD_AuFi）、植被覆盖度年变异系数（CD_CVFi）及植被覆盖度年均变异系数（CD_ACVFi）进行评估。将CD_AuFi分为低、较低、中、较高、高5级，其对应植被覆盖度取值范围分别为：0～20%、20%～40%、40%～60%、60%～80%、80%～100%，统计每一级别面积及比例。

5.3.4 耕地生态系统

耕地生态系统采用年均净初级生产力（NT_AuNi）、净初级生产力年变异系数（NT_CVNi）、净初级生产力年均变异系数（NT_ACVNi）等指标进行质量评估。将NT_AuNi分为低、较低、中、较高、高5级，每级对应取值为0～6、6～12、12～18、18～24、24～∞，统计2000—2010年NT_AuNi面积与比例。将NT_CVNi按取值分为小、较小、中、较大、大5级，各级别对应变异系数取值分别为0～0.5、0.5～1、1～1.5、1.5～2、2～∞，统计每级变异系数面积及比例。

5.3.5 湿地生态系统

湿地生态系统采用年均净初级生产力（SD_AuNi）、净初级生产力年变异系数（SD_CVNi）、净初级生产力年均变异系数（SD_ACVNi）等指标进行质量评估。将SD_AuNi分为低、较低、中、较高、高 5 级，每级对应取值为0～6、6～12、12～18、18～24、24～∞，统计2000—2010年SD_AuNi面积与比例。将SD_CVNi按取值分为小、较小、中、较大、大5级，各级别对应变异系数取值分别为0～0.5、0.5～1、1～1.5、1.5～2、2～∞，统计每级变异系数面积及比例。

5.4 评估结果

5.4.1 森林生态系统质量及其十年变化

河南省森林生态系统质量总体较高。2000—2010年河南省森林生态系统年均叶面积指数较高及以上等级占比呈现增加趋势，增速相对缓慢（表5-3、图5-1）。到2010年河南省森林生态系统年均叶面积指数较好及以上等级占比达到最大，为97.54%；最低值出现在2001年，严重的春夏秋连旱的气候灾害的影响是叶面积指数较小的主要原因。2000年以来，河南省组织实施了天然林保护、退耕还林、重点地区防护林建设等国家林业重点工程，启动了山区生态体系、生态廊道网络建设、环城防护林和村镇绿化等一批省级林业重点生态工程，大力开展义务植树活动，积极创建林业生态省（县），各项林业工作都取得了显著成效，森林生态系统质量得以提升。

表 5–3 森林生态系统质量年均叶面积指数各等级面积与比例

年份	统计参数	低	较低	中	较高	高
2000	面积（km^2）	9.25	97.00	1 446.25	2 450.88	15 597.94
	比例（%）	0.05	0.49	7.38	12.50	79.58
2001	面积（km^2）	9.75	476.63	2 041.94	2 278.88	14 794.13
	比例（%）	0.05	2.43	10.42	11.63	75.48
2002	面积（km^2）	6.88	137.31	1 184.31	2 205.44	16 067.38
	比例（%）	0.04	0.70	6.04	11.25	81.97
2003	面积（km^2）	5.50	72.81	1 155.13	2 383.00	15 984.88
	比例（%）	0.03	0.37	5.89	12.16	81.55

（续表）

年份	统计参数	低	较低	中	较高	高
2004	面积（km^2）	8.50	73.00	1 084.69	2 318.50	16 116.63
	比例（%）	0.04	0.37	5.53	11.83	82.22
2005	面积（km^2）	5.06	40.75	784.19	2 100.88	16 670.44
	比例（%）	0.03	0.21	4.00	10.72	85.05
2006	面积（km^2）	3.69	37.13	713.13	2 205.56	16 641.81
	比例（%）	0.02	0.19	3.64	11.25	84.90
2007	面积（km^2）	4.44	23.44	447.56	1 611.06	17 514.81
	比例（%）	0.02	0.12	2.28	8.22	89.36
2008	面积（km^2）	8.13	65.44	686.81	1 843.75	16 997.19
	比例（%）	0.04	0.33	3.50	9.41	86.71
2009	面积（km^2）	6.63	37.69	494.63	1 645.81	17 416.56
	比例（%）	0.03	0.19	2.52	8.40	88.85
2010	面积（km^2）	7.44	38.06	437.06	1 618.81	17 499.94
	比例（%）	0.04	0.19	2.23	8.26	89.28

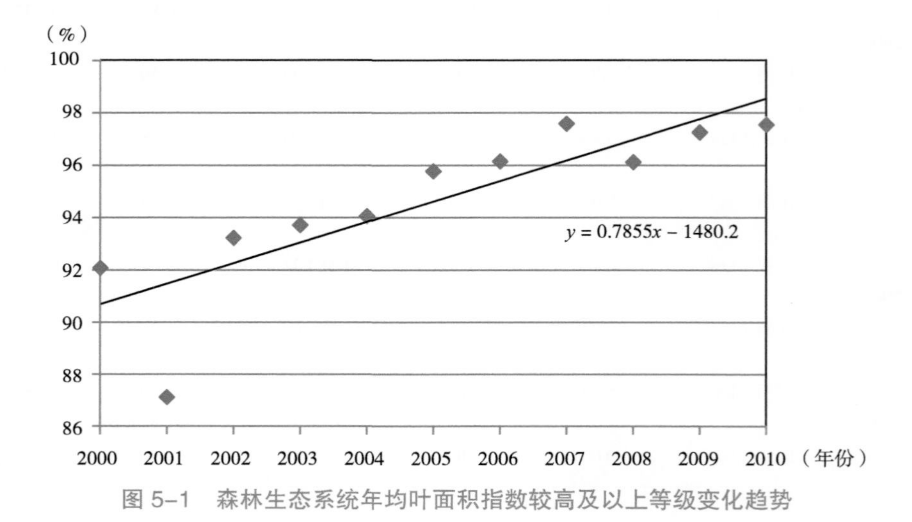

图 5-1　森林生态系统年均叶面积指数较高及以上等级变化趋势

在空间分布上（图5-2），2000年叶面积指数中等及以下等级的区域主要分布在辉县东北部豫北山地、灵宝、洛宁、卢氏等县市的峭山区域、南召、方城、确山、泌阳、平桥县域内的伏牛山区、桐柏等县的桐柏山余脉区域、巩义、登封县市嵩山南部等区域。至2010年这些区域森林叶面积指数等级逐渐提高，森林生态系统质量得到较大幅度提高。

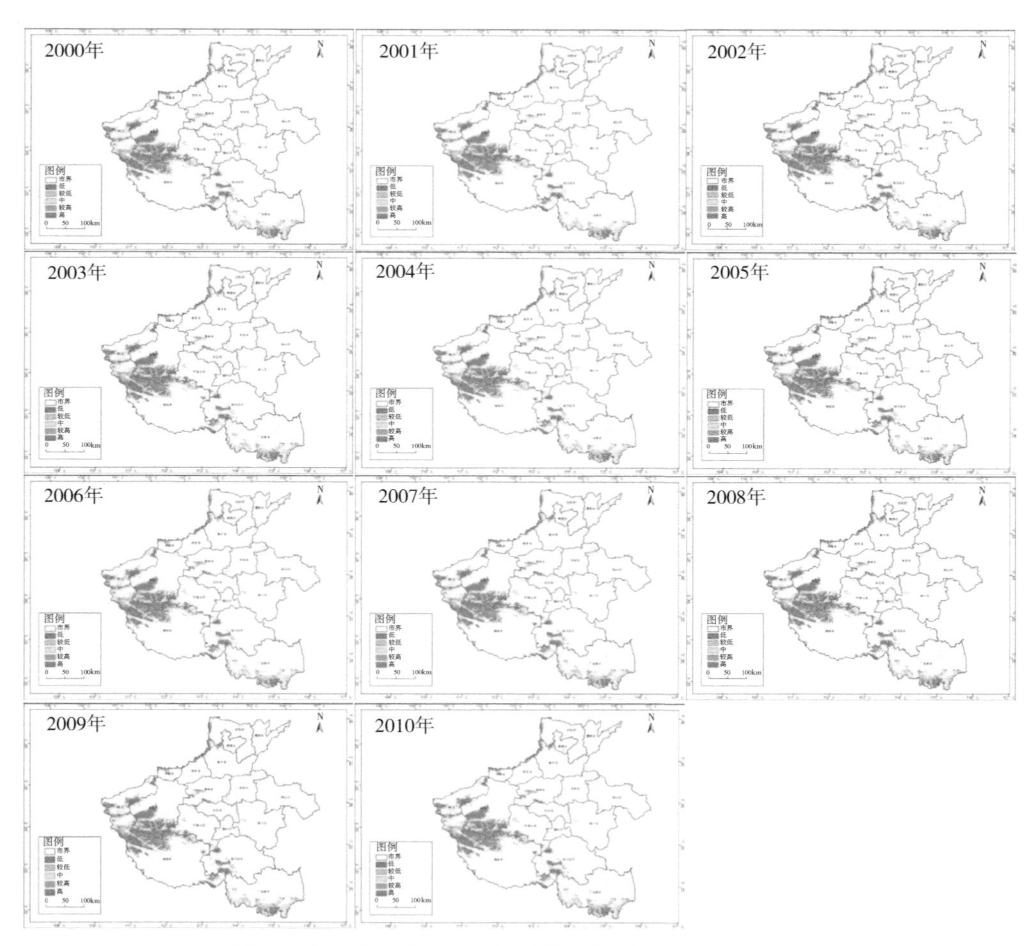

图 5-2　森林生态系统年均叶面积指数各等级时空分布

根据森林生态系统年叶面积指数年变异系数统计数据（表5-4、图5-3），河南省森林生态系统年均叶面积指数年变异系数主要集中在小等级上，说明2000—2010年森林生态系统质量年内变化较小。

由森林生态系统叶面积指数年均变异系数变化可知（图5-4），2000—2010年河南省森林生态系统叶面积指数年均变异系数呈现波动变化趋势，最大值出现在2001年，这是受该年降水偏少的影响所致。

表 5–4　森林生态系统叶面积指数年变异系数各等级面积及比例

年份	统计参数	小	较小	中	较大	大
2000	面积（km^2）	19 562.13	37.50	0.00	0.00	0.00
	比例（%）	99.81	0.19	0.00	0.00	0.00
2001	面积（km^2）	19 513.81	85.31	0.06	0.00	0.00
	比例（%）	99.56	0.44	0.00	0.00	0.00
2002	面积（km^2）	19 576.38	23.25	0.06	0.00	0.00
	比例（%）	99.88	0.12	0.00	0.00	0.00
2003	面积（km^2）	19 573.19	26.63	0.00	0.00	0.00
	比例（%）	99.86	0.14	0.00	0.00	0.00
2004	面积（km^2）	19 552.13	47.19	0.38	0.00	0.00
	比例（%）	99.76	0.24	0.00	0.00	0.00
2005	面积（km^2）	19 573.31	26.06	0.13	0.00	0.00
	比例（%）	99.87	0.13	0.00	0.00	0.00
2006	面积（km^2）	19 579.88	20.44	0.06	0.00	0.00
	比例（%）	99.90	0.10	0.00	0.00	0.00
2007	面积（km^2）	19 576.88	23.31	0.31	0.00	0.00
	比例（%）	99.88	0.12	0.00	0.00	0.00
2008	面积（km^2）	19 567.50	32.75	0.06	0.00	0.00
	比例（%）	99.83	0.17	0.00	0.00	0.00

（续表）

年份	统计参数	小	较小	中	较大	大
2009	面积（km^2）	19 580.13	20.19	0.19	0.00	0.00
	比例（%）	99.90	0.10	0.00	0.00	0.00
2010	面积（km^2）	19 582.31	17.19	0.94	0.00	0.00
	比例（%）	99.91	0.09	0.00	0.00	0.00

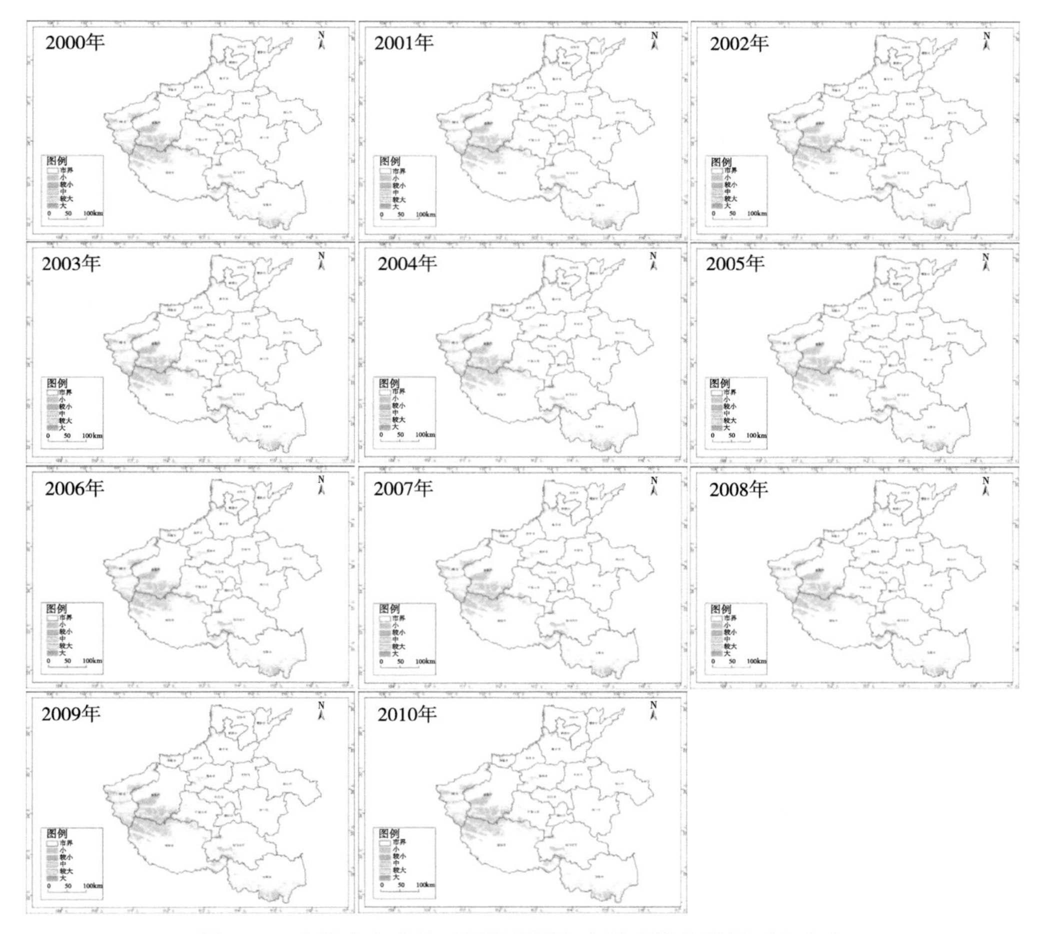

图 5-3　森林生态系统叶面积指数年变异系数各等级时空分布

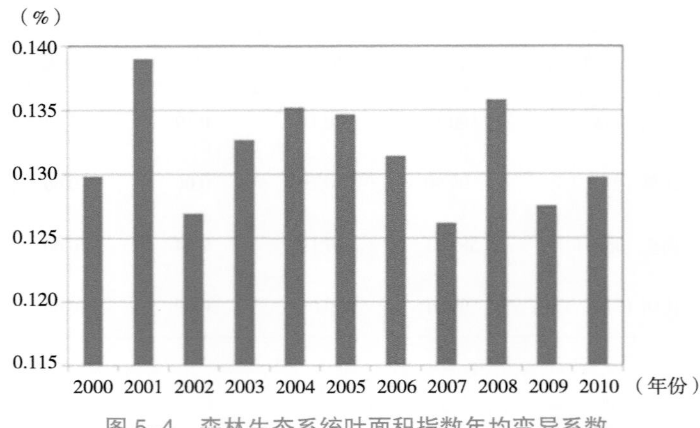

图 5-4　森林生态系统叶面积指数年均变异系数

5.4.2　灌丛生态系统质量及其十年变化

河南省灌丛生态系统质量总体较高。2000—2010年河南省灌丛生态系统叶面积指数较高及以上等级占比呈现增加趋势，增速较为迅速（表5-5、图5-5）；最低值出现在2001年，严重的春夏秋连旱的气候灾害的影响是叶面积指数低的主要原因；至2010年河南省灌丛生态系统年均叶面积指数较好以上等级占比达到最高，为90.42%。2000年以来，河南省严格执行森林采伐限额管理和林地用途管制制度，在天然林保护工程区内全面停止天然林商品性采伐，河南省88.7万hm^2（1 330.5万亩）天然林得到有效保护。实施了生态效益补偿机制，结束了森林生态效益无偿使用的历史，89万hm^2（1 335万亩）国家级和32万hm^2（480万亩）省级公益林得到补偿，河南省灌丛生态系统质量得以提升。

表 5-5　灌丛生态系统年均叶面积指数各等级面积与比例

年份	统计参数	低	较低	中	较高	高
2000	面积（km^2）	3.94	401.19	4 054.56	3 281.25	7 498.13
	比例（%）	0.03	2.63	26.61	21.53	49.20
2001	面积（km^2）	10.06	1 723.38	4 282.06	2 440.81	6 782.75
	比例（%）	0.07	11.31	28.10	16.02	44.51

（续表）

年份	统计参数	低	较低	中	较高	高
2002	面积（km^2）	2.94	549.75	3 757.94	3 041.50	7 886.94
	比例（%）	0.02	3.61	24.66	19.96	51.75
2003	面积（km^2）	2.44	188.44	3 143.50	3 676.56	8 228.13
	比例（%）	0.02	1.24	20.63	24.13	53.99
2004	面积（km^2）	3.44	265.25	3 140.38	3 809.38	8 020.63
	比例（%）	0.02	1.74	20.61	25.00	52.63
2005	面积（km^2）	2.38	146.88	2 656.56	3 936.13	8 497.13
	比例（%）	0.02	0.96	17.43	25.83	55.76
2006	面积（km^2）	2.00	71.31	2 117.31	3 989.75	9 058.69
	比例（%）	0.01	0.47	13.89	26.18	59.44
2007	面积（km^2）	1.75	70.50	1 750.56	3 728.44	9 687.81
	比例（%）	0.01	0.46	11.49	24.47	63.57
2008	面积（km^2）	3.31	257.75	2 482.81	3 662.19	8 833.00
	比例（%）	0.02	1.69	16.29	24.03	57.96
2009	面积（km^2）	2.31	93.75	1 817.31	3 555.81	9 769.88
	比例（%）	0.02	0.62	11.93	23.33	64.11
2010	面积（km^2）	4.44	62.13	1 393.31	3 600.19	10 179.00
	比例（%）	0.03	0.41	9.14	23.62	66.80

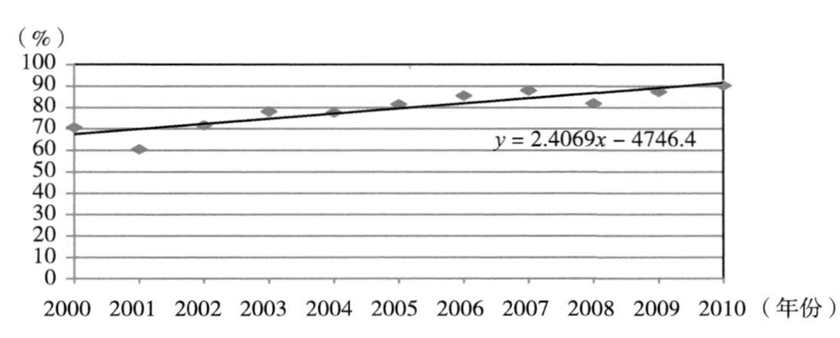

图 5-5　灌丛生态系统年均叶面积指数较高及以上等级变化趋势

由灌丛生态系统年均叶面积指数各等级时空分布（图5-6）可知，2001年灌丛生态系统年均叶面积指数中等及以下等级区域主要分布豫北山地、崤山、熊耳山、伏牛山余脉、桐柏山余脉等区域。至2010年这些区域灌丛生态系统年均叶面积指数等级逐渐提高，质量得到较大幅度提高。

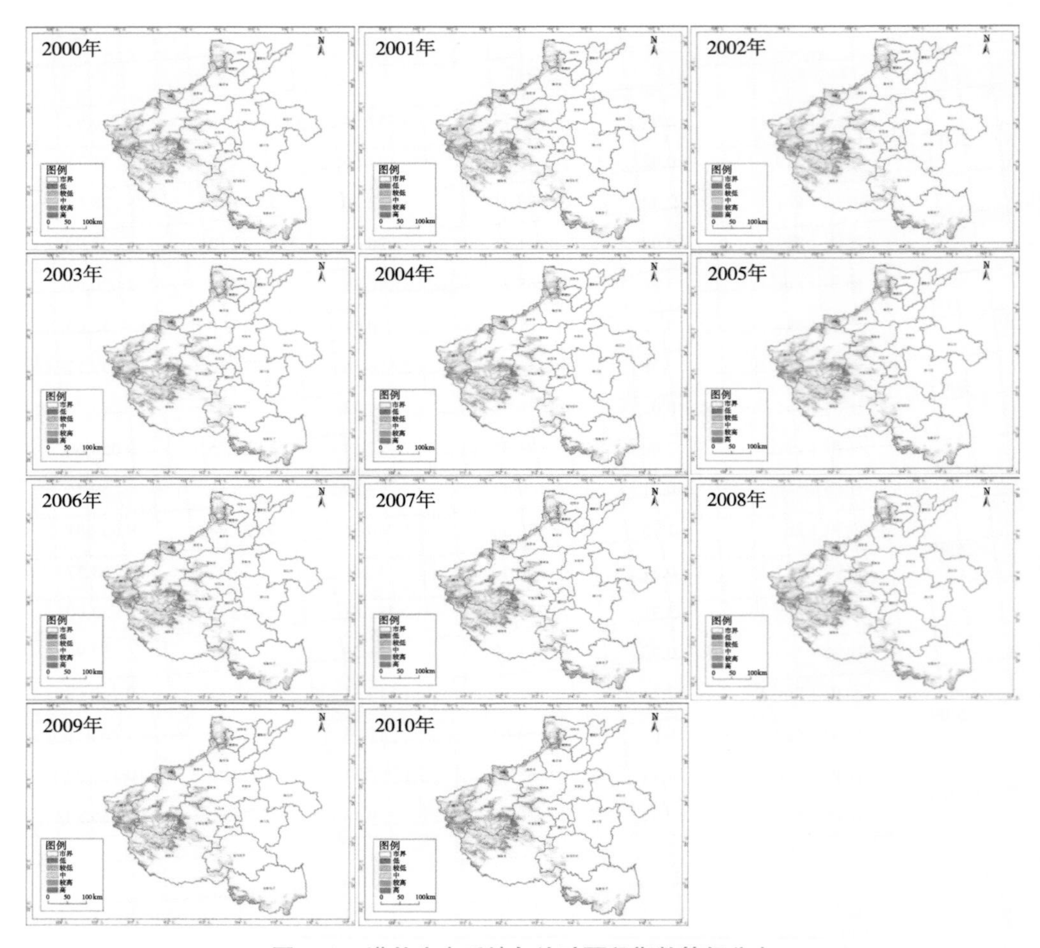

图 5–6 灌丛生态系统年均叶面积指数等级分布

由灌丛生态系统叶面积指数年变异系数统计数据（表5-6）可知，河南省灌丛生态系统年叶面积指数年变异系数主要集中在小等级上，说明2000—2010年灌丛生态系统质量年内变化较小。

由灌丛生态系统叶面积指数年均变异系数变化（图5-7、图5-8）可知，2000—2010年河南省灌丛生态系统叶面积指数年均变异系数呈现波动变化趋势，最大值出现在2001年，这是受该年降水偏少的影响所致。

表 5-6 灌丛生态系统叶面积指数年变异系数等级面积及比例

年份	统计参数	小	较小	中	较大	大
2000	面积（km^2）	15 161.94	76.63	0.06	0.00	0.00
	比例（%）	99.50	0.50	0.00	0.00	0.00
2001	面积（km^2）	15 038.13	200.31	0.19	0.00	0.00
	比例（%）	98.68	1.31	0.00	0.00	0.00
2002	面积（km^2）	15 199.31	39.44	0.00	0.00	0.00
	比例（%）	99.74	0.26	0.00	0.00	0.00
2003	面积（km^2）	15 225.06	13.63	0.00	0.00	0.00
	比例（%）	99.91	0.09	0.00	0.00	0.00
2004	面积（km^2）	15 158.19	80.38	0.06	0.00	0.00
	比例（%）	99.47	0.53	0.00	0.00	0.00
2005	面积（km^2）	15 151.94	86.44	0.06	0.00	0.00
	比例（%）	99.43	0.57	0.00	0.00	0.00
2006	面积（km^2）	15 219.06	19.69	0.00	0.00	0.00
	比例（%）	99.87	0.13	0.00	0.00	0.00
2007	面积（km^2）	15 203.88	34.75	0.06	0.00	0.00
	比例（%）	99.77	0.23	0.00	0.00	0.00
2008	面积（km^2）	15 163.00	75.75	0.00	0.00	0.00
	比例（%）	99.50	0.50	0.00	0.00	0.00
2009	面积（km^2）	15 204.94	33.81	0.00	0.00	0.00
	比例（%）	99.78	0.22	0.00	0.00	0.00
2010	面积（km^2）	15 210.63	27.06	0.81	0.00	0.00
	比例（%）	99.82	0.18	0.01	0.00	0.00

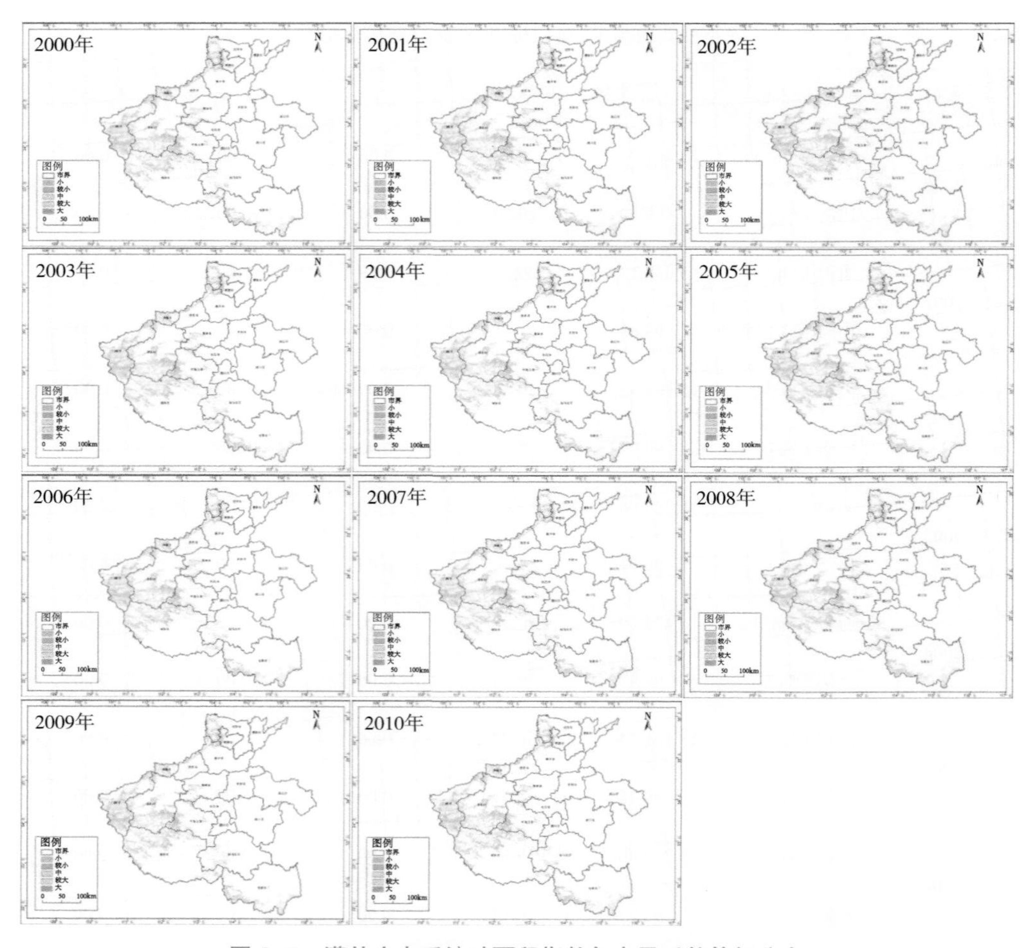

图 5-7 灌丛生态系统叶面积指数年变异系数等级分布

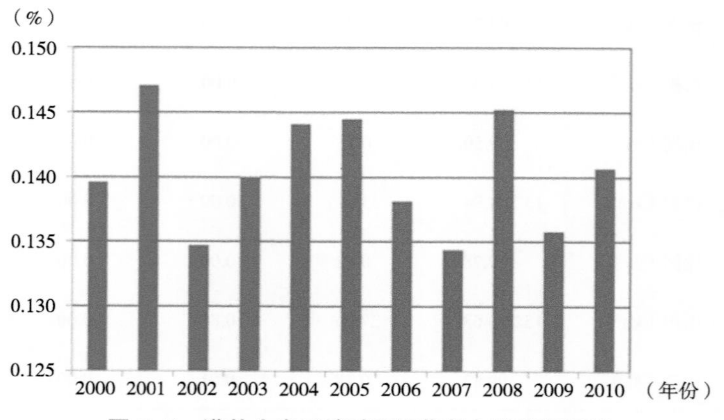

图 5-8 灌丛生态系统叶面积指数年均变异系数

5.4.3　草地生态系统质量及其十年变化

河南省草地生态系统质量总体不高（表5-7）。2000—2010年河南省草地生态系统年均植被覆盖度指数以中等级为主，中等及以上等级占比呈现快速增加趋势（图5-9）；最低值出现在2001年，严重春夏秋连旱气候灾害的影响是植被覆盖度指数变差的主要原因。至2010年草地生态系统年均植被覆盖度指数中等及以上等级占比达到70.51%。

表 5-7　草地生态系统年均植被覆盖度各等级面积及比例

年份	统计参数	低	较低	中	较高	高
2000	面积（km^2）	3.56	1 068.63	2 978.94	77.94	0.81
	比例（%）	0.09	25.88	72.13	1.89	0.02
2001	面积（km^2）	13.31	3 390.13	719.75	6.69	0.00
	比例（%）	0.32	82.09	17.43	0.16	0.00
2002	面积（km^2）	7.94	2 608.81	1 488.38	24.75	0.00
	比例（%）	0.19	63.17	36.04	0.60	0.00
2003	面积（km^2）	6.06	2 170.81	1 935.19	17.81	0.00
	比例（%）	0.15	52.56	46.86	0.43	0.00
2004	面积（km^2）	8.69	1 767.88	2 327.88	25.44	0.00
	比例（%）	0.21	42.81	56.37	0.62	0.00
2005	面积（km^2）	8.13	1 950.88	2 151.81	19.06	0.00
	比例（%）	0.20	47.24	52.10	0.46	0.00
2006	面积（km^2）	10.19	1 550.44	2 540.63	28.63	0.00
	比例（%）	0.25	37.54	61.52	0.69	0.00
2007	面积（km^2）	8.38	1 128.94	2 942.44	50.13	0.00
	比例（%）	0.20	27.34	71.25	1.21	0.00
2008	面积（km^2）	10.25	1 688.63	2 404.94	26.06	0.00
	比例（%）	0.25	40.89	58.23	0.63	0.00
2009	面积（km^2）	11.13	1 583.56	2 496.13	39.06	0.00
	比例（%）	0.27	38.34	60.44	0.95	0.00
2010	面积（km^2）	11.13	1 206.56	2 886.00	26.19	0.00
	比例（%）	0.27	29.22	69.88	0.63	0.00

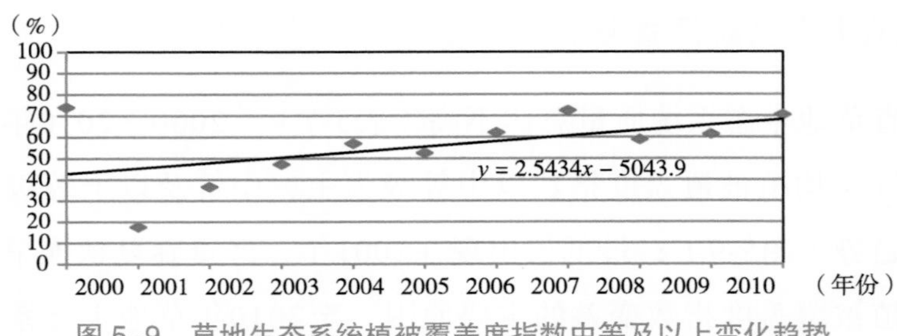

图 5–9 草地生态系统植被覆盖度指数中等及以上变化趋势

由草地生态系统年均植被覆盖度指数各等级时空分布（图5-10）可知，2001年草地生态系统植被覆盖度指数较低及以下等级区域主要分布在豫北山地、陕县北部中条山南麓、卢氏、洛宁县的熊耳山等区域。到2010年这些区域草地生态系统年均植被覆盖度等级逐渐提高，草地生态系统质量有所提高。

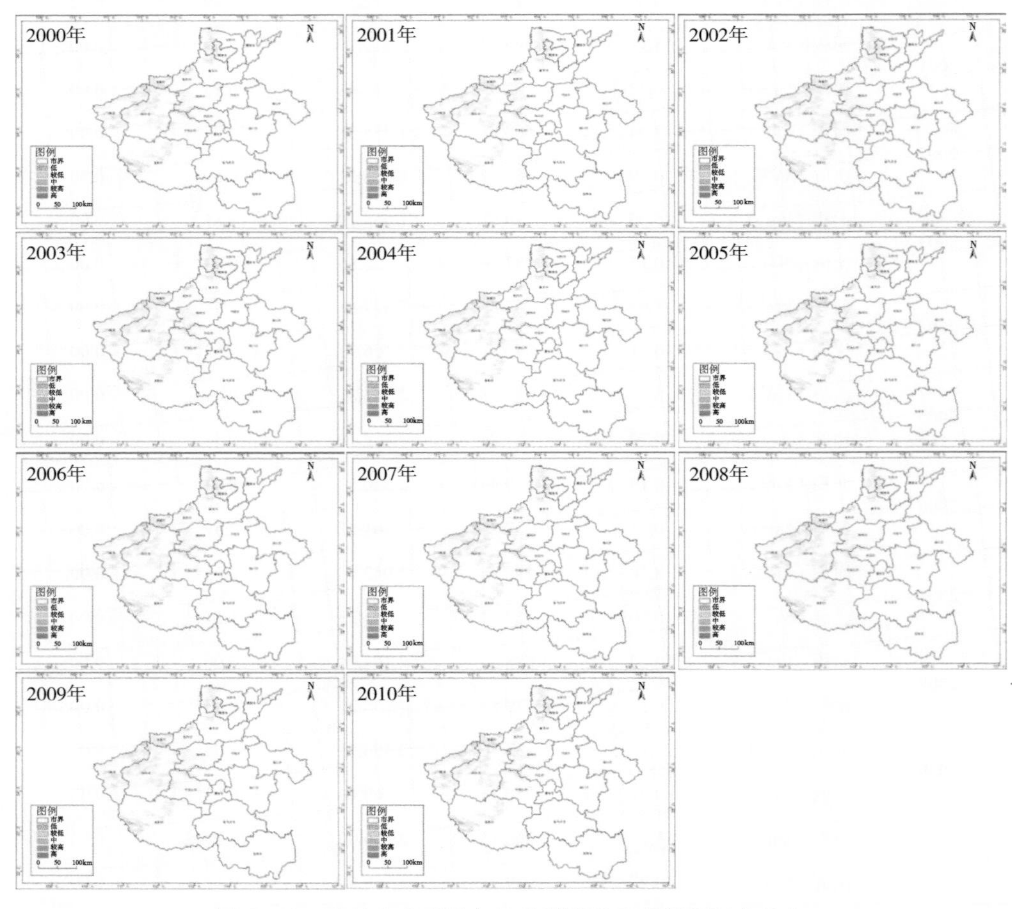

图 5–10 草地生态系统年均植被覆盖度各等级时空分布

由草地生态系统质量植被覆盖指数年变异系数（表5-8）统计数据可知，河南省草地生态系统质量年均植被覆盖指数年变异系数主要集中在小等级上，说明2000—2010年草地生态系统质量年均植被覆盖指数年内变化较小。

由草地生态系统植被覆盖度指数年均变异系数变化（图5-11、图5-12）可知，2000—2010年河南省草地生态系统质量植被覆盖度年均变异系数呈现波动变化趋势，但变化幅度较小，变化不显著。

表5-8　草地生态系统植被覆盖度年变异系数各等级面积及比例

年份	统计参数	小	较小	中	较大	大
2000	面积（km^2）	4 129.88	0.00	0.00	0.00	0.00
	比例（%）	100.00	0.00	0.00	0.00	0.00
2001	面积（km^2）	4 126.81	0.00	0.00	0.00	0.00
	比例（%）	100.00	0.00	0.00	0.00	0.00
2002	面积（km^2）	4 126.81	0.00	0.00	0.00	0.00
	比例（%）	100.00	0.00	0.00	0.00	0.00
2003	面积（km^2）	4 126.81	0.00	0.00	0.00	0.00
	比例（%）	100.00	0.00	0.00	0.00	0.00
2004	面积（km^2）	4 126.81	0.00	0.00	0.00	0.00
	比例（%）	100.00	0.00	0.00	0.00	0.00
2005	面积（km^2）	4 126.81	0.00	0.00	0.00	0.00
	比例（%）	100.00	0.00	0.00	0.00	0.00
2006	面积（km^2）	4 126.81	0.00	0.00	0.00	0.00
	比例（%）	100.00	0.00	0.00	0.00	0.00
2007	面积（km^2）	4 126.81	0.00	0.00	0.00	0.00
	比例（%）	100.00	0.00	0.00	0.00	0.00
2008	面积（km^2）	4 126.81	0.00	0.00	0.00	0.00
	比例（%）	100.00	0.00	0.00	0.00	0.00
2009	面积（km^2）	4 126.81	0.00	0.00	0.00	0.00
	比例（%）	100.00	0.00	0.00	0.00	0.00
2010	面积（km^2）	4 126.81	0.00	0.00	0.00	0.00
	比例（%）	100.00	0.00	0.00	0.00	0.00

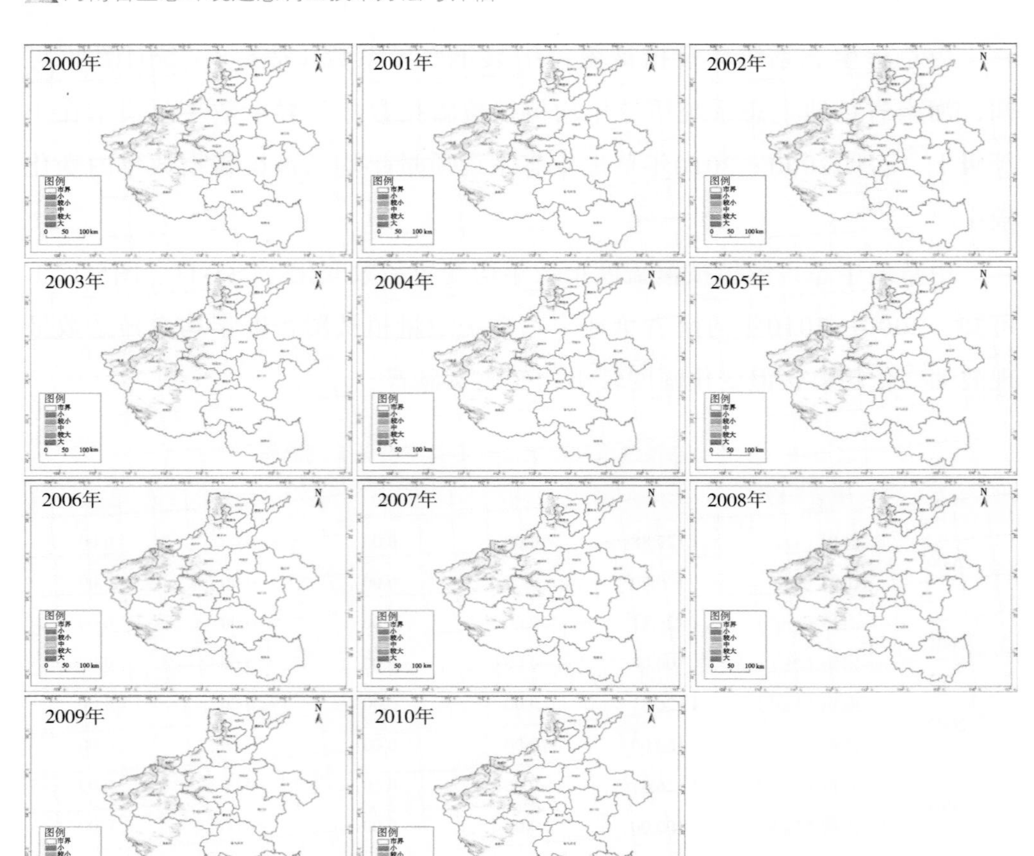

图 5-11　草地生态系统植被覆盖度年变异系数等级分布

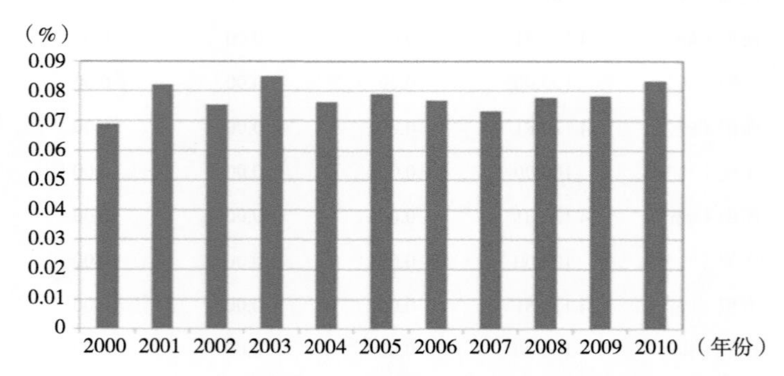

图 5-12　草地生态系统植被覆盖度指数年均变异系数

5.4.4 耕地生态系统质量及其十年变化

河南省耕地生态系统质量总体水平不高（表5-9）。2000—2010年河南省耕地生态系统年均净初级生产力以较低等级占主导地位，年际呈现波动变化，呈提升变化趋势，增速较为缓慢（图5-13）。

表 5-9 耕地生态系统年均净初级生产力各等级面积及比例

年份	统计参数	低	较低	中	较高	高
2000	面积（km^2）	29 077.19	77 248.19	1.13	0.00	0.00
	比例（%）	27.35	72.65	0.00	0.00	0.00
2001	面积（km^2）	26 223.94	80 096.50	6.06	0.00	0.00
	比例（%）	24.66	75.33	0.01	0.00	0.00
2002	面积（km^2）	13 446.69	92 875.44	4.38	0.00	0.00
	比例（%）	12.65	87.35	0.00	0.00	0.00
2003	面积（km^2）	35 715.63	70 610.88	0.00	0.00	0.00
	比例（%）	33.59	66.41	0.00	0.00	0.00
2004	面积（km^2）	10 452.63	95 853.19	20.69	0.00	0.00
	比例（%）	9.83	90.15	0.02	0.00	0.00
2005	面积（km^2）	13 656.75	92 478.31	191.44	0.00	0.00
	比例（%）	12.84	86.98	0.18	0.00	0.00
2006	面积（km^2）	16 585.69	89 737.63	3.19	0.00	0.00
	比例（%）	15.60	84.40	0.00	0.00	0.00
2007	面积（km^2）	14 390.31	91 935.19	1.00	0.00	0.00
	比例（%）	13.53	86.46	0.00	0.00	0.00

（续表）

年份	统计参数	低	较低	中	较高	高
2008	面积（km^2）	17 510.75	88 810.94	4.81	0.00	0.00
	比例（%）	16.47	83.53	0.00	0.00	0.00
2009	面积（km^2）	22 124.50	84 201.88	0.13	0.00	0.00
	比例（%）	20.81	79.19	0.00	0.00	0.00
2010	面积（km^2）	16 570.50	89 492.94	263.06	0.00	0.00
	比例（%）	15.58	84.17	0.25	0.00	0.00

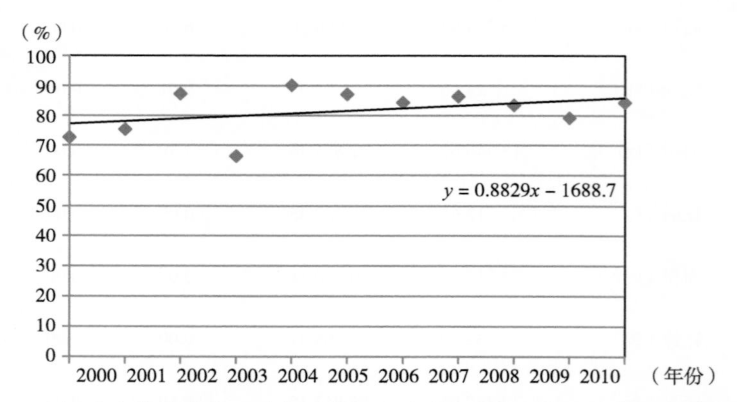

图 5-13　河南省耕地生态系统年均净初级生产力指数较低及以上等级变化趋势

耕地生态系统年均净初级生产力各等级时空分布（图5-14）上表明，河南省耕地生态系统质量整体呈现东部平原区高于西部山区的总体空间格局。

根据耕地生态系统净初级生产力指数年变异系数（表5-10）统计数据，河南省耕地生态系统净初级生产力指数年变异系数主要集中在小等级上，说明2000—2010年森林生态系统质量年际变化小，较为稳定。

由耕地生态系统净初级生产力指数年均变异系数变化可知（图5-15、图5-16），2000—2010年河南省森林生态系统叶面积指数年均变异系数呈现波动变化趋势，变化幅度不大，耕地生态系统趋于稳定。

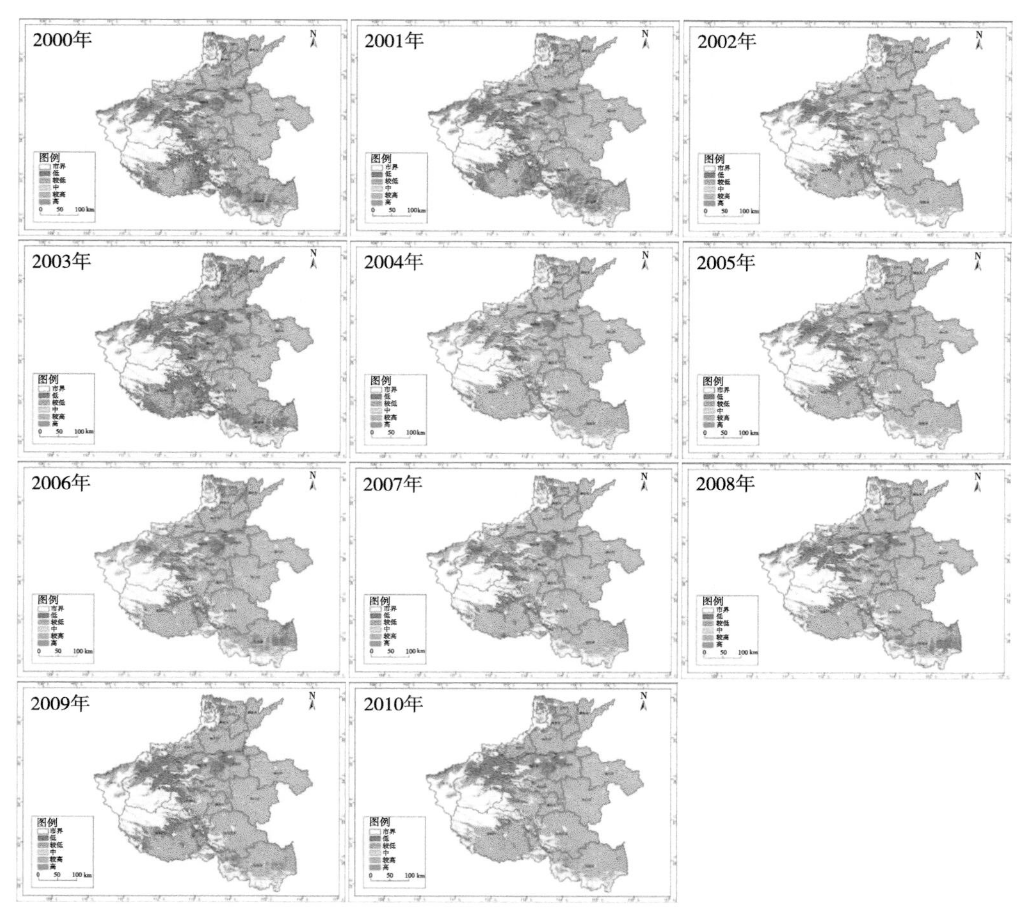

图 5-14　耕地生态系统年均净初级生产力等级分布

表 5-10　耕地生态系统净初级生产力年变异系数各等级面积及比例

年份	统计参数	小	较小	中	较大	大
2000	面积（km^2）	106 325.50	0.56	0.00	0.00	0.00
	比例（%）	100.00	0.00	0.00	0.00	0.00
2001	面积（km^2）	106 320.56	4.06	0.13	0.00	0.00
	比例（%）	100.00	0.00	0.00	0.00	0.00

（续表）

年份	统计参数	小	较小	中	较大	大
2002	面积（km^2）	106 325.06	1.06	0.06	0.00	0.00
	比例（%）	100.00	0.00	0.00	0.00	0.00
2003	面积（km^2）	106 325.13	1.06	0.06	0.00	0.00
	比例（%）	100.00	0.00	0.00	0.00	0.00
2004	面积（km^2）	106 322.50	2.13	0.06	0.00	0.00
	比例（%）	100.00	0.00	0.00	0.00	0.00
2005	面积（km^2）	106 323.38	2.94	0.00	0.00	0.00
	比例（%）	100.00	0.00	0.00	0.00	0.00
2006	面积（km^2）	106 323.31	1.31	0.00	0.00	0.00
	比例（%）	100.00	0.00	0.00	0.00	0.00
2007	面积（km^2）	106 322.81	3.44	0.00	0.00	0.00
	比例（%）	100.00	0.00	0.00	0.00	0.00
2008	面积（km^2）	106 322.81	2.50	0.00	0.00	0.00
	比例（%）	100.00	0.00	0.00	0.00	0.00
2009	面积（km^2）	106 322.63	2.69	0.00	0.00	0.00
	比例（%）	100.00	0.00	0.00	0.00	0.00
2010	面积（km^2）	106 325.81	0.63	0.00	0.00	0.00
	比例（%）	100.00	0.00	0.00	0.00	0.00

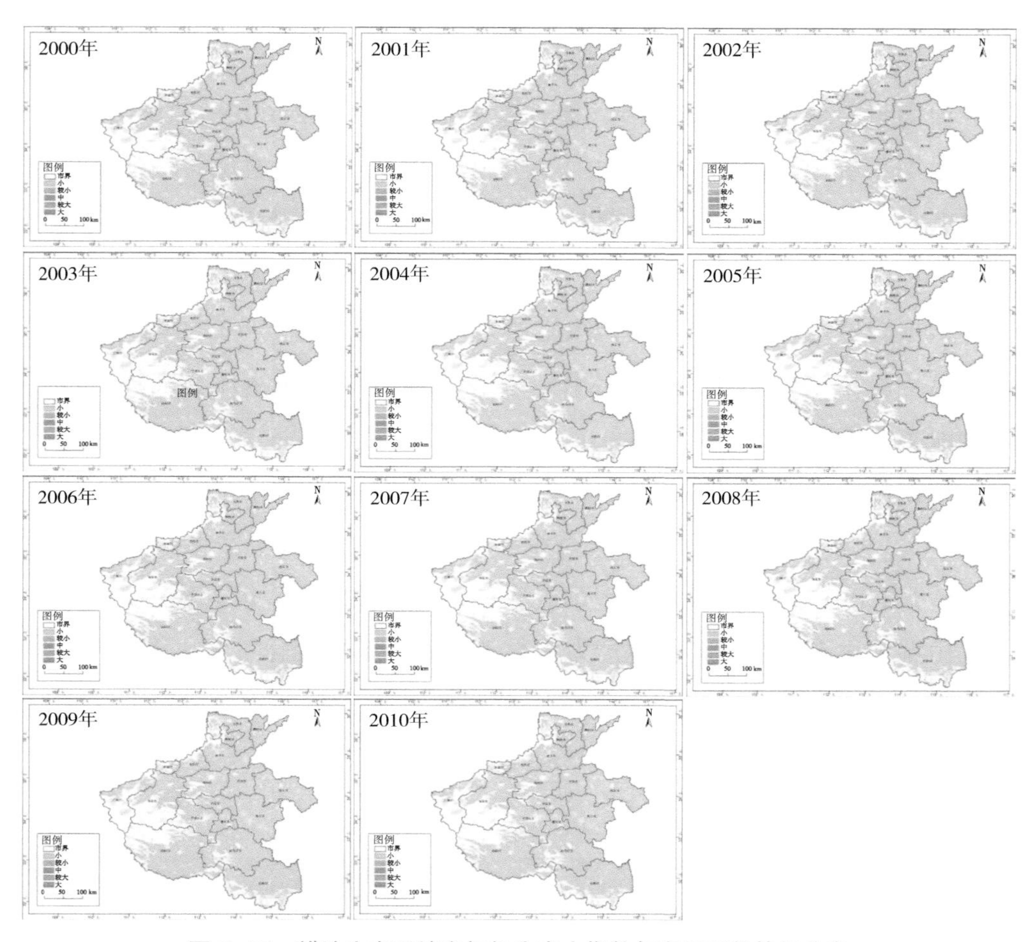

图 5-15　耕地生态系统净初级生产力指数年变异系数等级分布

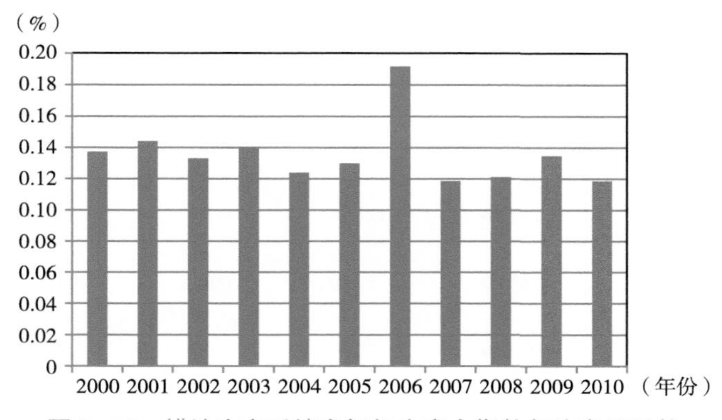

图 5-16　耕地生态系统净初级生产力指数年均变异系数

5.4.5 湿地生态系统质量及其十年变化

河南省湿地生态系统质量总体较差（表5-11）。2000—2010年河南省湿地生态系统年均净初级生产力等级中以低等级占主导地位，较低及以上等级占比呈现波动增加趋势（图5-17）；至2010年较低及以上等级占比达到48.33%。

根据湿地生态系统年均净初级生产力指数各等级时空分布（图5-18）可知，低等级主要分布在丹江口水库、宿鸭湖水库、板桥水库、陆浑水库、白龟山水库等区域。

根据湿地生态系统净初级生产力年变异系数各等级统计数据（表5-12、图5-19）可知，河南省湿地生态系统净初级生产力年变异系数以低等级为主，说明2000—2010年湿地生态系统质量年内变化较小，较为稳定。

由湿地生态系统净初级生产力指数年均变异系数变化可知（图5-20），2000—2010年河南省湿地生态系统净初级生产力指数年均变异系数呈现波动趋缓的变化过程，表明湿地生态系统逐渐趋于稳定。

表 5-11 湿地生态系统年净初级生产力各等级面积及比例

年份	统计参数	低	较低	中	较高	高
2000	面积（km^2）	1 863.25	829.81	0.00	0.00	0.00
	比例（%）	69.19	30.81	0.00	0.00	0.00
2001	面积（km^2）	1 695.38	997.69	0.00	0.00	0.00
	比例（%）	62.95	37.05	0.00	0.00	0.00
2002	面积（km^2）	1 281.88	1 411.06	0.13	0.00	0.00
	比例（%）	47.60	52.40	0.00	0.00	0.00
2003	面积（km^2）	1 920.50	772.56	0.00	0.00	0.00
	比例（%）	71.31	28.69	0.00	0.00	0.00

（续表）

年份	统计参数	低	较低	中	较高	高
2004	面积（km^2）	1 439.44	1 252.81	0.81	0.00	0.00
	比例（%）	53.45	46.52	0.03	0.00	0.00
2005	面积（km^2）	1 456.06	1 235.19	1.81	0.00	0.00
	比例（%）	54.07	45.87	0.07	0.00	0.00
2006	面积（km^2）	1 571.38	1 121.56	0.13	0.00	0.00
	比例（%）	58.35	41.65	0.00	0.00	0.00
2007	面积（km^2）	1 428.38	1 264.69	0.00	0.00	0.00
	比例（%）	53.04	46.96	0.00	0.00	0.00
2008	面积（km^2）	1 410.88	1 282.19	0.00	0.00	0.00
	比例（%）	52.39	47.61	0.00	0.00	0.00
2009	面积（km^2）	1 581.44	1 111.63	0.00	0.00	0.00
	比例（%）	58.72	41.28	0.00	0.00	0.00
2010	面积（km^2）	1 391.38	1 300.56	1.13	0.00	0.00
	比例（%）	51.67	48.29	0.04	0.00	0.00

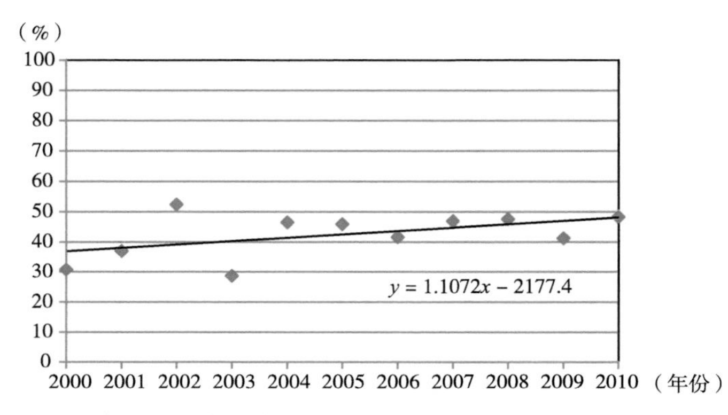

图 5–17　河南省湿地生态系统年均净初级生产力指数较低及以上等级变化趋势

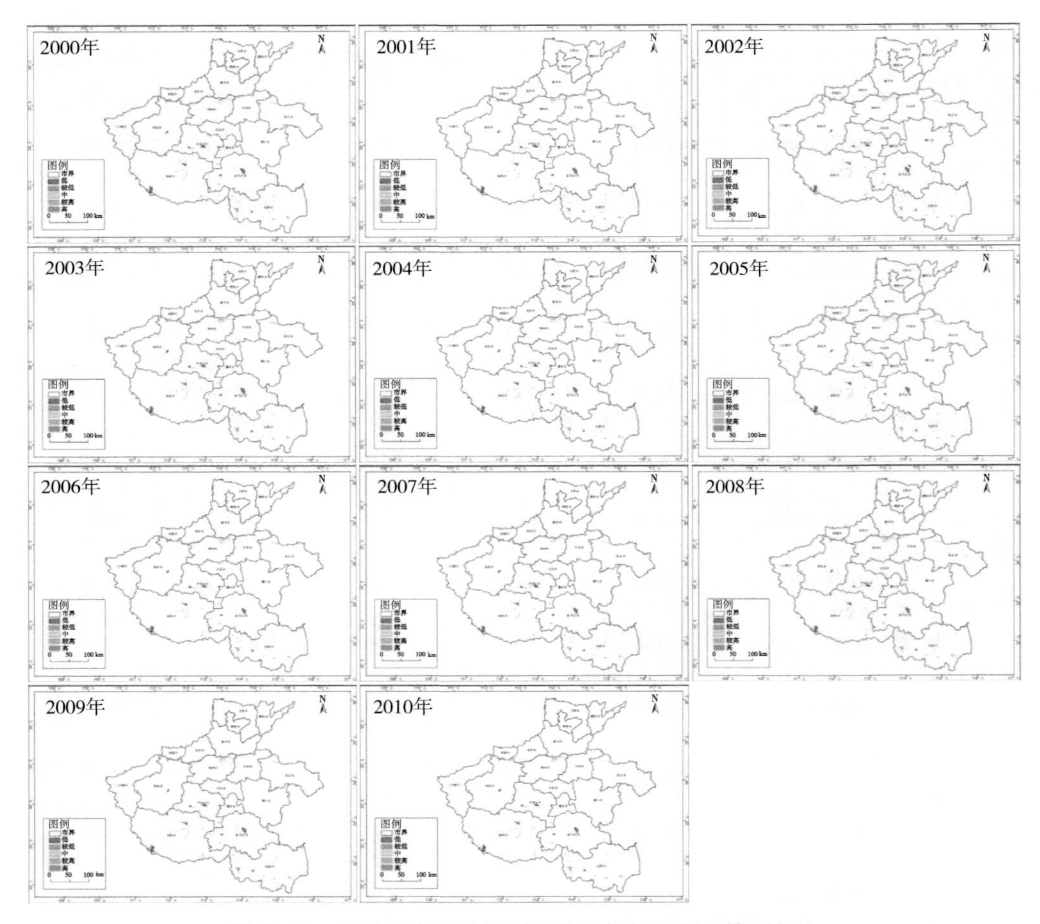

图 5-18　湿地生态系统质量年均净初级生产力等级分布

表 5-12　湿地生态系统净初级生产力年变异系数各等级面积及比例

年份	统计参数	小	较小	中	较大	大
2000	面积（km^2）	2 585.13	33.63	0.19	0.06	0.00
	比例（%）	98.71	1.28	0.01	0.00	0.00
2001	面积（km^2）	2 595.63	52.31	1.00	0.00	0.00
	比例（%）	97.99	1.97	0.04	0.00	0.00

（续表）

年份	统计参数	小	较小	中	较大	大
2002	面积（km^2）	2 595.75	52.56	1.25	0.00	0.00
	比例（%）	97.97	1.98	0.05	0.00	0.00
2003	面积（km^2）	2 596.25	47.88	0.81	0.00	0.00
	比例（%）	98.16	1.81	0.03	0.00	0.00
2004	面积（km^2）	2 621.44	45.94	0.50	0.00	0.00
	比例（%）	98.26	1.72	0.02	0.00	0.00
2005	面积（km^2）	2 625.00	53.00	0.06	0.00	0.00
	比例（%）	98.02	1.98	0.00	0.00	0.00
2006	面积（km^2）	2 608.06	40.00	0.38	0.00	0.00
	比例（%）	98.48	1.51	0.01	0.00	0.00
2007	面积（km^2）	2 652.06	34.50	0.25	0.00	0.00
	比例（%）	98.71	1.28	0.01	0.00	0.00
2008	面积（km^2）	2 618.13	38.94	1.06	0.06	0.00
	比例（%）	98.49	1.46	0.04	0.00	0.00
2009	面积（km^2）	2 618.06	36.00	0.06	0.00	0.00
	比例（%）	98.64	1.36	0.00	0.00	0.00
2010	面积（km^2）	2 625.50	15.81	0.00	0.00	0.00
	比例（%）	99.40	0.60	0.00	0.00	0.00

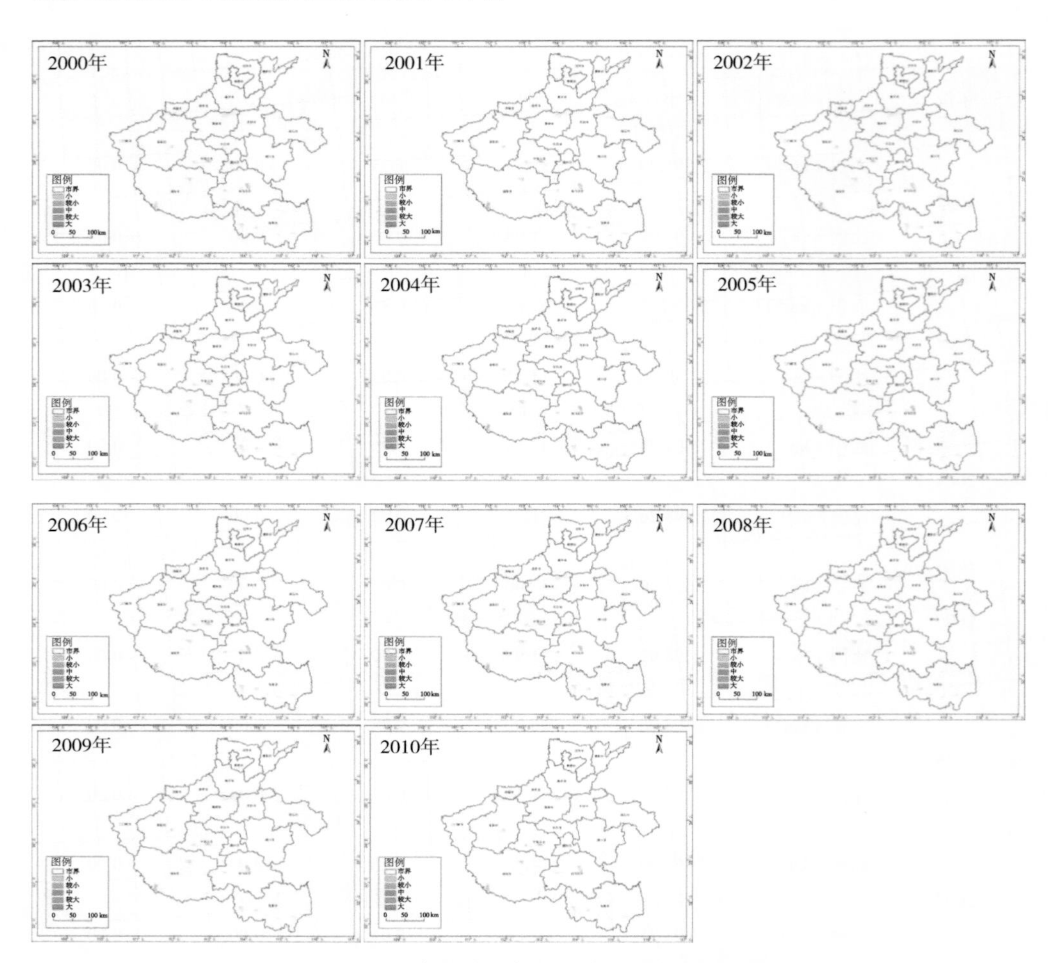

图 5-19 湿地生态系统净初级生产力指数年均变异系数

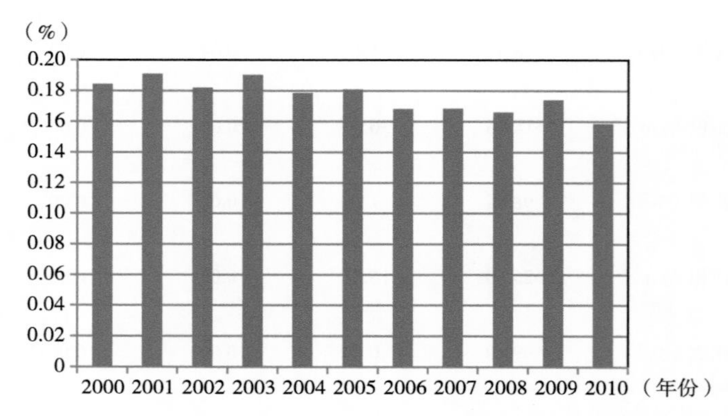

图 5-20 湿地生态系统净初级生产力指数年变异系数等级分布

5.5 小结

河南省各生态系统质量由高到低的排列顺序为：森林>灌丛>草地>耕地>湿地。各生态系统质量都处于提升的变化趋势，提升变化由快到慢的顺序为：草地>灌丛>湿地>耕地>森林。

（1）森林生态系统质量总体水平高，提升速度缓慢。2000—2010年河南省森林生态系统质量叶面积指数较高级及以上占比呈现增加趋势，增速缓慢。年变异系数主要集中在小等级上，年际变化较小，辉县东北部豫北山地、灵宝、洛宁、卢氏等县市的崤山区域、南召、方城、确山、泌阳、平桥县域内的伏牛山余脉、桐柏等县域桐柏山余脉区域、巩义、登封县市嵩山南部等区域森林叶面积指数等级提高显著。

（2）灌丛生态系统质量总体水平较高，提升速度较快。2000—2010年河南省灌丛生态系统质量叶面积指数较高级及以上占比呈现增长趋势，增速较快。年变异系数主要集中在小等级上，年际变化较小，豫北山地、崤山、熊耳山、伏牛山余脉、桐柏山余脉等区域灌丛生态系统质量提高较为明显。

（3）草地生态系统质量总体水平一般，快速提升。2000—2010年河南省草地生态系统质量植被覆盖度指数以中等级为主，中等级及以上占比呈现波动增长趋势，增速迅速。年均变异系数呈现波动变化趋势，但变化幅度较小，变化不显著。在豫北山地、陕县北部中条山南麓、卢氏、洛宁县的熊耳山等区域植被覆盖度增加明显。

（4）耕地生态系统质量总体水平不高，提升速度较为缓慢。2000—2010年河南省耕地生态系统质量年均净初级生产力以较低等级为主，年际呈现波动变化，呈提升变化趋势，增速缓慢。年变异系数主要集中在小等级上，较为稳定。耕地生态系统质量整体呈现东部高于西部的空间分异格局。

（5）湿地生态系统质量总体水平差，提升速度一般。2000—2010年河南省湿地生态系统年均净初级生产力等级中以低等级占主导地位，较低等级及以上占比呈现增加趋势，增速一般。年变异系数以低等级为主，较为稳定。丹江口水库、宿鸭湖水库、板桥水库、陆浑水库、白龟山水库等区域湿地生态系统质量较低。

6 生态系统服务功能及其十年变化分析

生态系统服务功能是指生态系统与生态过程所形成及所维持的人类赖以生存的自然环境条件与效用，它不仅给人类提供生存必需的食物、医药及工农业生产的原料，而且维持了人类赖以生存和发展的生命支持系统。

6.1 评估指标体系

评估包括生物多样性维持、土壤保持、水文调节、防风固沙和产品供给等方面的指标（表6-1）。

表 6–1 生态系统服务功能评估指标体系

序号	生态系统服务功能	评估指标
1	生物多样性维持功能	生物生境质量指数
2	土壤保持功能	土壤保持量
3	水文调节功能	水文调节量
4	防风固沙功能	固沙量
5	产品供给功能	食物总供给热量

6.1.1 土壤保持量

（1）指标含义。根据降雨、土壤、坡长坡度、植被和土地管理等因素获取潜在和实际土壤侵蚀量，以两者的差值即土壤保持量来评价生态系统土壤保持功能的强弱。

（2）计算方法。采用通用土壤流失方程USLE进行评价，包括自然因子和管理因子两类。在具体计算时，需要利用已有的土壤侵蚀实测数据对模型模拟结果进行验证，并且修正参数。

生态系统土壤保持量为潜在侵蚀量与实际侵蚀量的差值，采用通用土壤流失方程（Universal Soil Loss Equation，USLE）进行计算：

$$SC = SE_p - SE_a$$

$$SE_p = R \cdot K \cdot LS$$

$$SE_a = R \cdot K \cdot LS \cdot C$$

式中：SC为土壤保持量（t hm^{-2} a^{-1}）；SE_p为潜在土壤侵蚀量（t hm^{-2} a^{-1}）；SE_a为实际土壤侵蚀量（t hm^{-2} a^{-1}）；R为降雨侵蚀力因子（MJ mm hm^{-2} h^{-1} a^{-1}）；K为土壤可蚀性因子（t hm^{2} h hm^{-2}MJ^{-1} mm^{-1}）；LS为地形因子；C为植被覆盖因子。

6.1.2 水文调节量

水文调节总量计算方法：

$$Q_{FMZ} = \begin{cases} P_{FZM} \cdot A_{FZ} & \text{当 } P_{FZM} < P'_{FZ} \\ P_{FZM} \cdot R_{FZM} \cdot A_{FZ} & \text{当 } P_{FZM} \geq P'_{FZ} \end{cases}$$

$$TQ = \sum_{M=1}^{12} \sum_{F=1}^{j} \sum_{Z=1}^{i} Q_{FMZ}$$

式中：TQ为区域尺度内生态系统的总水文调节量（m^{3}）；Q为水文调节量（m^{3}）；A为生态系统面积（m^{2}）；P为月均降水量（mm）；P'为产流降水量（mm）；R为生态系统水文调节的效益系数；Z为研究区分区；i为研究区分区数；M为月份；F为研究区生态系统类型；j为研究区生态系统类型数。

6.1.3 防风固沙量

（1）指标含义。通过风速、土壤、植被覆盖等因素估算潜在和实际风蚀强度，以两者差值作为生态系统固沙量来评价生态系统防风固沙功能的强弱（SR，sand retention）。

（2）计算方法。采用修正风蚀方程RWEQ进行评价。

生态系统固沙量为潜在风力侵蚀量与实际侵蚀量的差值，采用修正风蚀方程（Revised Wind Erosion Equation，RWEQ）进行计算：

$$SR=S_{L潜}-S_L$$

$$Q_{\max}=109.8\left[WF\times EF\times SCF\times K'\times C\right]$$

$$S=150.71\cdot(WF\times EF\times SCF\times K'\times C)^{-0.3711}$$

$$S_L=\frac{2\cdot z}{S^2}Q_{\max}\cdot e^{-(z/s)^2}$$

$$Q_{\max潜}=109.8\left[WF\times EF\times SCF\times K'\right]$$

$$S_{潜}=150.71\cdot(WF\times EF\times SCF\times K')^{-0.3711}$$

$$S_{L潜}=\frac{2\cdot z}{S_{潜}^{\,2}}Q_{\max潜}\cdot e^{-(z/s潜)^2}$$

式中：SR为固沙量（t km^{-2} a^{-1}）；$SL_{潜}$为潜在风力侵蚀量（t km^{-2} a^{-1}）；S_L为实际土壤侵蚀量（t km^{-2} a^{-1}）；WF为气候侵蚀因子（kg·m^{-1}）；K'为地表糙度因子；EF为土壤侵蚀因子；SCF为土壤结皮因子；C为植被覆盖因子。

6.1.4 产品供给功能

以县为统计单元，生态系统食物生产总量采用通用食物营养转化模型进行计算：

$$E_s=\sum_{i=1}^{n}E_i=\sum_{i=1}^{n}\left(100\times M_i\times EP_i\times A_i\right)$$

式中：E_s为区县食物总供给热量（Kcal），E_i为第i种食物所提供的热量（Kcal），M_i为市县第i种食物的产量（t），EP_i为第i种食物可食部的比例（%），A_i为第i种食物每100g可食部中所含热量（Kcal），i=1，2，3，…，n为区县食物种类。

6.2 评估数据源

本项目数据主要采用遥感反演数据，由国家项目组直接下发，全国范围遥感等数据具体来源如表6-2~表6-5所示。

表 6-2　土壤保持功能评估数来源

序号	名称	精度	时间	来源
1	全国年均降雨侵蚀力	90m	1980—2010年	地球系统科学数据共享平台
2	中国土壤数据集	1:100万	第二次土壤普查	寒区旱区科学数据中心
3	全国DEM（SRTM）	90m	2000年	中国科学院计算机网络信息中心
4	全国土地覆被	90m	2000年、2005年、2010年	中国科学院遥感所
5	全国植被覆盖度	250m	2000年、2005年、2010年每旬	中国科学院遥感所

表 6-3　水文调节功能评估数据源

序号	名称	精度	时间	来源
1	全国月均降水量图	90m	50年平均月降水量	地理所CERN野外台站
2	全国土地覆被	90m	2000年、2005年、2010年	中国科学院遥感所
3	降水径流关系			依据已公开发表的文献、学位论文和书籍建立
4	产流降水量			依据已公开发表的文献、学位论文和书籍建立
5	生态系统水文调节的效益系数			依据已公开发表的文献、学位论文和书籍建立

表 6-4 防风固沙功能评估数据源

序号	名称	精度	时间	来源
1	全国年均气象数据	1km	1980—2010年	中国气象科学数据共享服务网
2	全国土壤图及属性	1km	2013年	北京师范大学
3	全国DEM（SRTM）	90m	2000年	中国科学院计算机网络信息中心
4	全国土地覆被	90m	2000年、2005年、2010年	中国科学院遥感所
5	全国植被覆盖度	250m	2000年、2005年、2010年 每旬	中国科学院遥感所
6	全国雪盖数据 年均太阳辐射	1km	1978—2010年	寒区旱区科学数据中心

表 6-5 产品供给功能评估数据源

序号	名称	时间	来源
1	全国市县农产品数据	2000年、2005年、2010年	中国农业科学院信息文献中心
2	食物所含热量数据 可食部比例数据	2012年	中国食物营养成分表
3	行政区划数据	2000年、2005年、2010年	环保部卫星环境应用中心

6.3 评估方法

6.3.1 生物多样性维持功能

选择重要保护物种作为全国生物多样性保护重要性评价指标。这些重要保护物种均为受国家保护的濒危和受威胁物种，它们不仅体现了生物多样性的价值，也反映了人类活动和气候变化对物种的威胁。共选定2 820种物种作为重要保护物种，其中植物2 151种，哺乳动物182种，鸟类273种，两栖类64种，爬行类150种。以县为统计单元，若某物种在某县有分布记为1，无分布记为0，构成以县名录为行，物种名录为列的二元物种分布矩阵。

研究采用基于Marxan软件的系统保护规划方法确定生物多样性保护优先区，某单元被迭代计算选中的次数越多，保护功能的不可替代性就越高，其保护重要性越高。研究进行100次迭代计算，则每个单元被选中的次数在0～100。生物多样性保护重要性按不可替代性指数划分为四个等级：0～40为一般区域，40～60为中等重要区，60～80为重要区，80～100为极重要区。

6.3.2 土壤保持功能

基于2000年、2010年的土地覆盖以及植被覆盖度数据，计算相应年份生态系统土壤保持功能物质量。统计各年份土壤保持量最小和最大的栅格，将生态系统土壤保持功能（2000年和2010年两个时间点）的物质量评价结果进行标准化。

$$SSC_i=(SC_x-SC_{min})/(SC_{max}-SC_{min})$$

式中：SSC_i表示标准化之后的生态系统土壤保持功能值；SC_x表示各评价单元（此处为栅格）生态系统土壤保持量；SC_{max}和SC_{min}表示生态系统土壤保持量的最大值和最小值；i表示年份。

将标准化后的生态系统土壤保持功能评估单元划分为高（0.8～1.0）、较高（0.6～0.8）、中（0.4～0.6）、较低（0.2～0.4）、低（0～0.2）5个等级，统计不同级别土壤保持功能生态系统的面积及比例。

6.3.3 水文调节功能

根据河南省2000—2010年水文调节量数据，将水文调节量（m^3）分为5级：低（3 177～5 051），较低（5 051～6 925），中（6 925～8 799），较高（8 799～10 673），高（10 673～12 547）；水文调节量（m^3）变化分级

为4个等级：差（−1 950～−975），较差（−975～0），较高（0～948），高（948～1 896）。统计不同级别水位调节功能生态系统的面积及比例。

6.3.4　防风固沙功能

依据2000年、2010年河南省防风固沙量的数据，按照等间距的方法将生态系统防风固沙功量（$t/km^2 \cdot a$）分为5级：低（0～5 724），较低（5 724～11 448），中（11 448～17 172），较高（17 172～22 896），高（10 673～12 547）；这十年间的变化量（$t/km^2 \cdot a$）分为4级：差（−24 850～−12 425），较差（−12 425～0），较高（0～9 013），高（901～18 026）。统计不同级别防风固沙功能生态系统的面积及比例。

6.3.5　产品供给功能

在生态系统产品提供功能的研究中将以食物总供给热量为代表，根据2000年和2010年的统计分析数据，采用自然断点法并结合实际情况，将食物总供给量（kcal）分为5级：低（$3.7 \sim 90 \times 10^{10}$），较低（$90 \sim 177 \times 10^{10}$），中（$177 \sim 283 \times 10^{10}$），较高（$283 \sim 413 \times 10^{10}$），高（$413 \sim 1\ 311 \times 10^{10}$）；采用等间距方法，结合实际情况，将食物总供给量（kcal）变化分级为4级：差（−24 850～−12 425），较差（−12 425～0），较高（0～9 013），高（9 013～18 026）。统计不同级别产品供给功能生态系统的面积及比例。

6.4　评估结果

6.4.1　生态系统生物多样性维持功能及其十年变化

从2000—2005年间，河南省生物的生境质量（表6-6、图6-1）向高级别转换的面积为2 675.4km²，占河南省面积的1.6%，主要分布在豫北太行山区和豫南的桐柏山和黄河下游沿岸地区；未变化或同级之间变换的面积为161 875.1km^2，占河南省面积的97.7%；而向低级别转换的面积为1 100.2km^2，占河南省面积的0.7%。这五年间，生物的生境质量变化不大，向高级别转化的比向低级别转化的高0.9%。从2005—2010年的分析数据来看，河南省生物的生境质量（表6-6、图6-1）向高级别转换的面积为2 139.8km^2，占河南省面积的1.3%；未变化或同级之间变换的面积为161 174.8km^2，占河南省面积的97.3%；而向低级别转换的面积为2 336.2km^2，占河南省面积的1.4%。这5年间，生物的生境质量变化不大，向高级别转化的和向低级别转化的面积基本相当。

表 6-6　2000—2010 年河南省生物生境质量变化

年份	统计参数	向高级别转换	未变化或同级之间变换	向低级别转换
2000—2005	面积（km^2）	2 675.4	161 875.1	1 100.2
	比例（%）	1.6	97.7	0.7
2005—2010	面积（km^2）	2 139.8	161 174.8	2 336.2
	比例（%）	1.3	97.3	1.4
2000—2010	面积（km^2）	4 251.9	158 511.6	2 887.1
	比例（%）	2.6	95.7	1.7

总的来说，从2000—2010年十年间，河南省生物的生境质量基本上变化不大，略有向高级别转换的趋势。其中向高级别转换的面积为4 251.9km^2，占河南省总面积的2.6%，主要分布在豫北太行山一带和豫南桐柏山以及大别山沿线。生物的生境质量向低级别转换的面积为2 887.1km^2，占总面积的1.7%，零散分布在河南中部地区。其他绝大部分处于未变化或同级之间变换，为158 511.6km^2，占河南省总面积的95.7%。

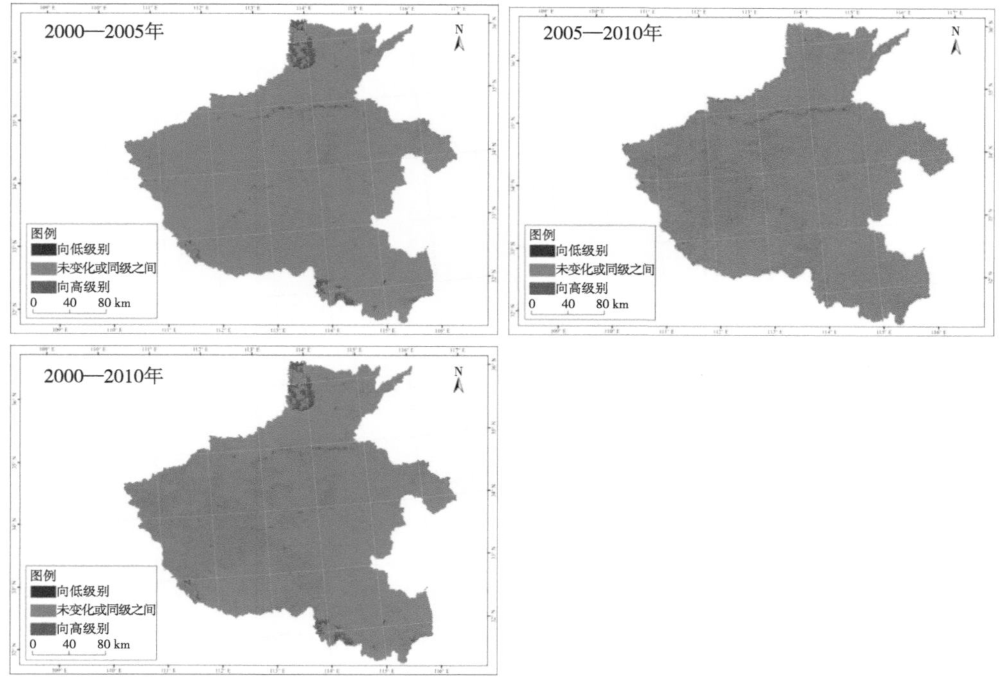

图 6-1　2000—2010 年河南省生物生境质量变化分布

截至2010年（表6-7、图6-2），河南生物多样性保护重要性以一般等级为主，其面积为148 083.1km^2，占河南省总面积的89.4%。极重要、重要和中等级别的生物多样性保护重要性的面积分别为12 358.0km^2、1 308.1km^2、3 901.6km^2，依次占河南省总面积的7.5%、0.8%和2.4%。河南生物多样性保护重要区域，主要分布在豫西山地，整体随地势由高到低，其保护重要性程度依次降低。另外，生物多样性保护重要性极重要级别的在豫北太行山和豫南大别山有零星分布。

表 6-7　2010 年河南生物多样性保护重要性

2010年	一般	中等	重要	极重要
面积（km^2）	148 083.1	3 901.6	1 308.1	12 358.0
比例（%）	89.4	2.4	0.8	7.5

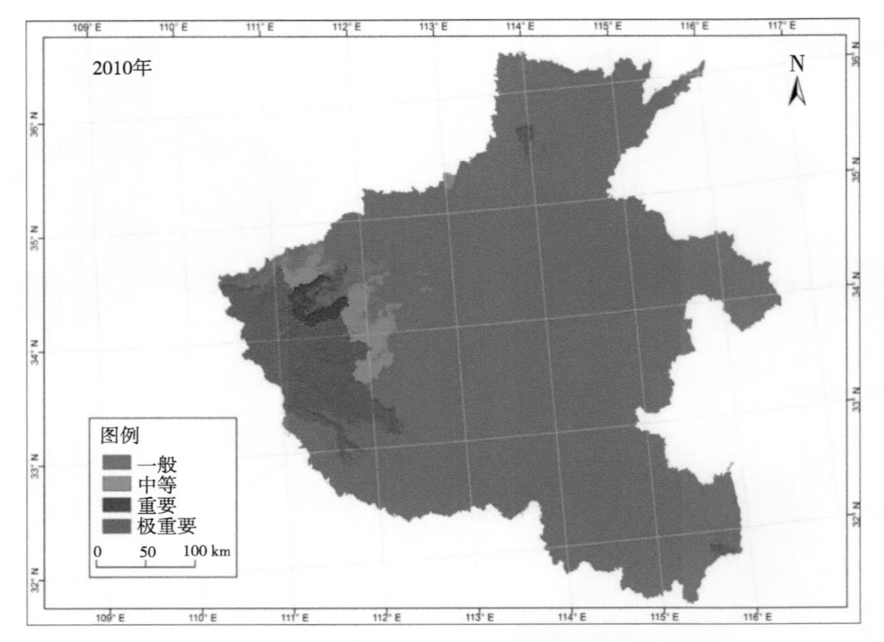

图 6-2 2010 年河南生物多样性保护重要性分布特征

6.4.2 生态系统土壤保持功能及其十年变化

2000年河南省生态系统土壤保持功能按照分级标准，大部分处于低级水平（表6-8、图6-3），其面积为161 456.0km^2，占河南省总面积的97.5%，较低级别的面积为3 683.7km^2，占总面积的2.2%，土壤保持功能级别中等的面积为425.6km^2，占总面积的0.3%，较高和高级别的面积分别为81.7km^2、1.9km^2。到2010年河南省的生态系统土壤保持功能略有变化，其中较低和低级别的面积为3 727.8km^2、161 406.6km^2，分别占河南省总面积的2.3%和97.4%。总的来看，2010年比2000年土壤保持功能稍有增加，较低和低级别降低了0.1%，土壤保持功能的其他级别变化不大。这十年来，土壤保持功能高和较高级别的基本上保持不变，主要分布在河南省千屋山、嵩山和大别山边缘。

表 6-8 河南省生态系统土壤保持功能分级特征

年份	统计参数	高	较高	中	较低	低
2000	面积（km^2）	1.9	81.7	425.6	3 683.7	161 456.0
	比例（%）	0.0	0.0	0.3	2.2	97.5
2010	面积（km^2）	2.0	82.7	429.9	3 727.8	161 406.6
	比例（%）	0.0	0.0	0.3	2.3	97.4

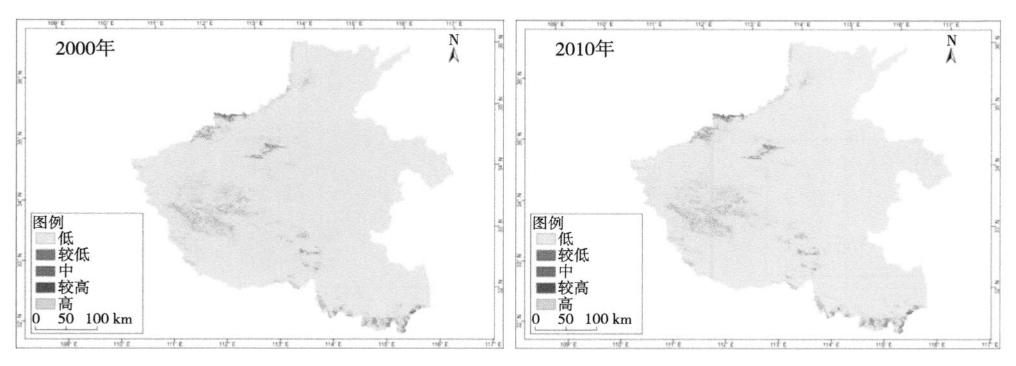

图 6-3 2000 年、2010 年河南省生态系统土壤保持功能分级分布

从2000—2010年这十年来，生态系统土壤保持功能在区域上的高低变化对比鲜明（表6-9、图6-4），其中土壤保持功能降低的区域为1 345 588km^2，而变高的区域有310 901.5km^2，主要分布在河南省的山地丘陵区。从河南省的生态系统土壤保持功能等级变化来看，大部分是不变的，其区域总面积为165 576.5km^2，其中升高了1个等级的区域有64.2km^2，降低了1个等级的有8.2km^2，降低了2个等级的仅有0.1km^2。总体来看，2000—2010年土壤保持功能等级向高的方向发展。

表 6-9 2000—2010 年河南省生态系统土壤保持功能级别变化

变化等级	−2	−1	0	1
变化面积（km^2）	0.1	8.2	165 576.5	64.2

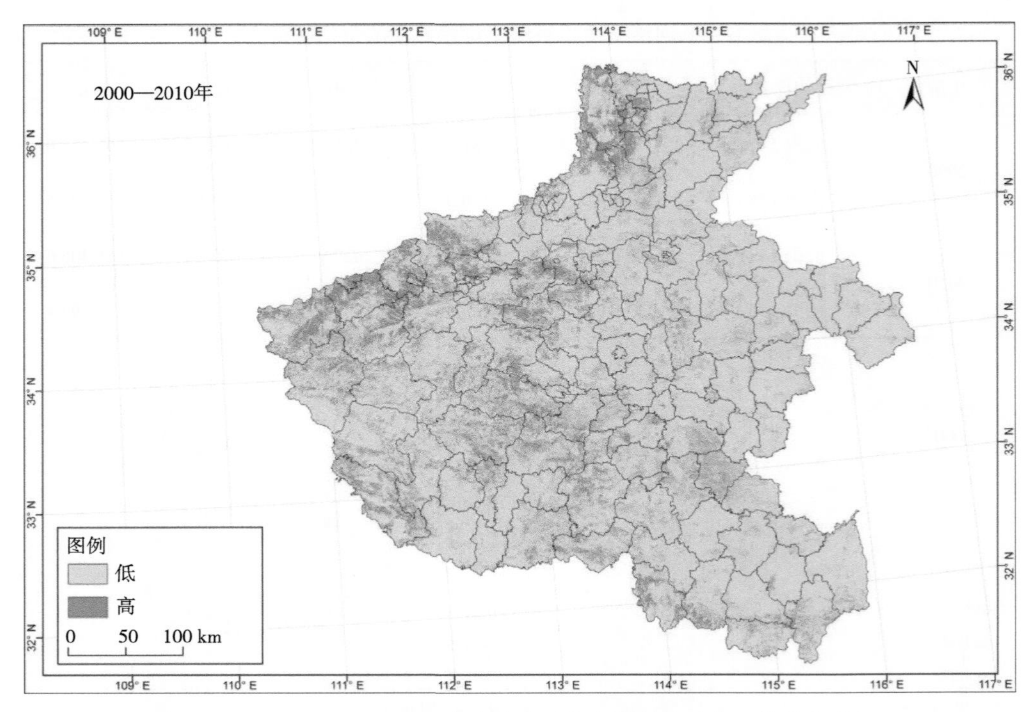

图 6-4 2000—2010 年河南省生态系统土壤保持功能变化分布特征

6.4.3 生态系统水文调节功能及其十年变化

2000年与2010年，河南省的水文调节量均以较低级别占主导（表6-10、图6-5），其面积分别为19 717.5km^2、18 306.6km^2，分别占水文调节区域的57.3%、56.6%，该级别的面积略有减小，主要分布在豫西山区；其次是低级别，该级别的面积分别为6 675.5km^2、6 344.2km^2，分别占水文调节区域的19.4%、19.6%，2010年低级别的水文调节区域略有升高，主要分布在太行山和王屋山区；水文调节量中级别区域面积分别为5 665.3km^2、5 236.1km^2，分别占水文调节区域的16.5%、16.2%，该级别的水文调节区域略有减小；而较高级别的区域面积分别为2 227.5km^2、2 351.6km^2，分别占水文调节区域的6.5%、7.3%，该级别的区域面积有了一定的增加，主要分布豫南山区。而水文调节功能的高级别基本上没有变化。

表 6-10 河南省水文调节量特征

年份	统计参数	高	较高	中	较低	低
2000	面积（km^2）	124.1	2 227.5	5 665.3	19 717.5	6 675.5
	比例（%）	0.4	6.5	16.5	57.3	19.4
2010	面积（km^2）	125	2 351.6	5 236.1	18 306.6	6 344.2
	比例（%）	0.4	7.3	16.2	56.6	19.6

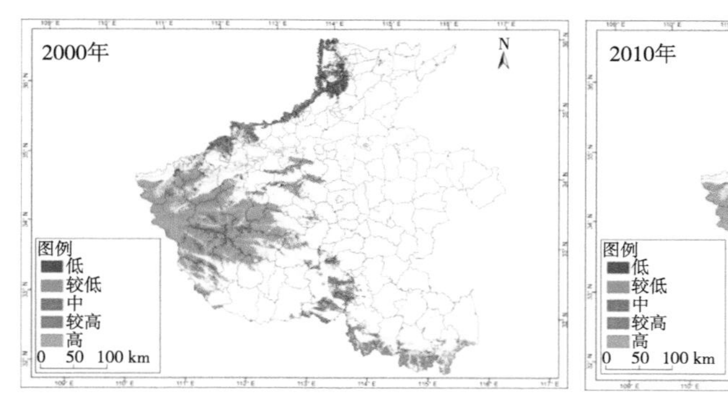

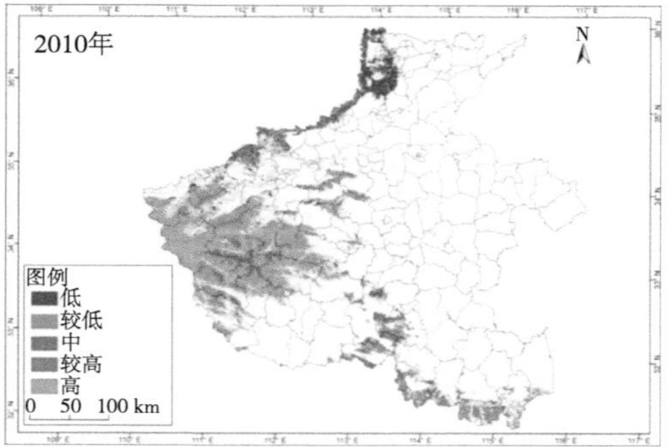

图 6-5 2000 年、2010 年河南省水文调节量分级分布

2000—2010年十年间，河南省水文调节各级别有增有减，但截至2010年，河南省的水文调节区域面积减少了2 046.4km^2。河南省水文调节量变差的面积为100.4km^2（表6-11、图6-6）；变得较差的为268 393.5km^2，占水文调节量变化区域的89.2%；水文调节量变得较高的面积为32 361.2km^2，占水文调节量变化区域的10.8%；而变高的面积仅有127.9km^2。可见，河南省生态系统水文调节整体减弱，减弱区域主要分布在王屋山、豫西山地、豫南大部分的大别山和桐柏山地。局部地区生态系统水文调节功能提高，主要集中在豫北太行山区和桐柏山以西地区。

表 6-11 2000—2010 年河南省水文调节量变化

统计参数	差	较差	较高	高
面积（km^2）	100.4	268 393.5	32 361.2	127.9
比例（%）	0.0	89.2	10.8	0.0

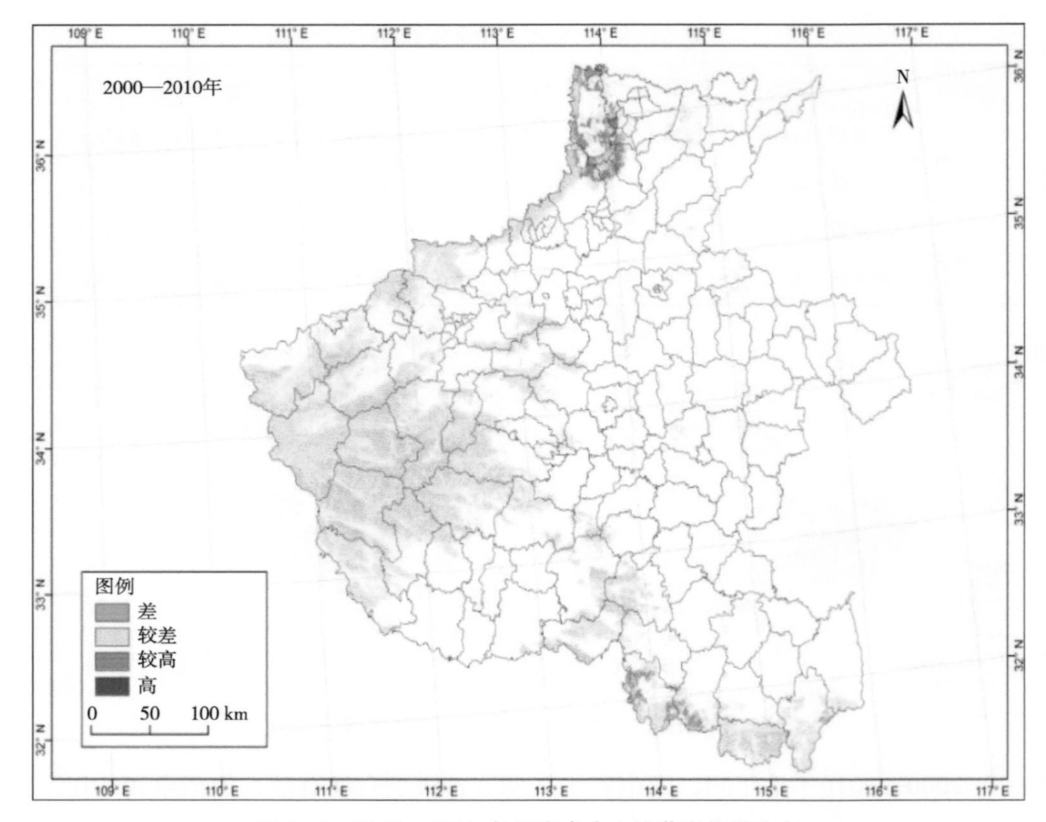

图 6-6　2000—2010 年河南省水文调节变化量分布

6.4.4　生态系统防风固沙功能及其十年变化

从2000年、2010年河南省防风固沙功能的各级别所占比例来看（表6-12、图6-7），基本上没有变化，主要以低级别为主，除去水域面积占河南省总面积的94.7%，十年间该级别的面积减小了57.7km²；较低级别占所有面积的4.6%，主要分布在河南北部和东北部，比2000年增加了12.4km²；其他两个级别所占比例不到1%，中级别的防风固沙区域分布在濮阳南。

表 6-12　河南省生态系统防风固沙功能分级特征

年份	统计参数	高	较高	中	较低	低
2000	面积（km²）	8.3	111.3	978.8	7 518.1	155 309.7
	比例（%）	0.0	0.1	0.6	4.6	94.7

（续表）

年份	统计参数	高	较高	中	较低	低
2010	面积（km^2）	10.1	118.4	1015.1	7 530.5	155 252.0
	比例（%）	0.0	0.1	0.6	4.6	94.7

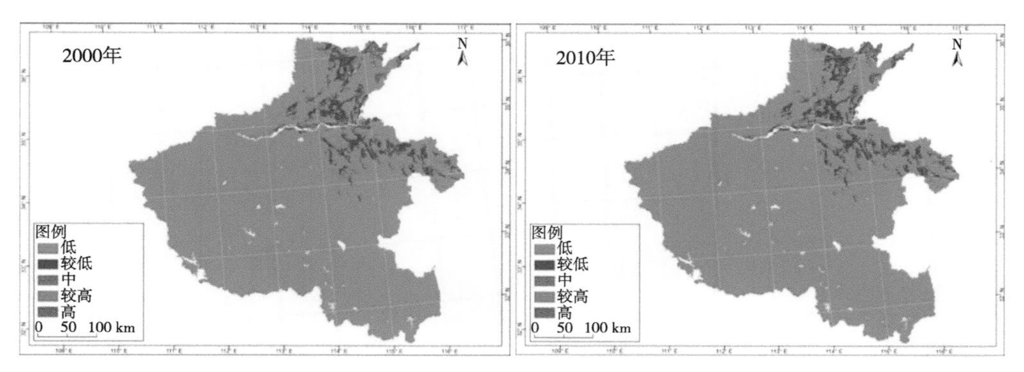

图 6-7　2000 年、2010 年河南省生态系统防风固沙分级特征

2000—2010年十年间，从河南省防风固沙量等级分类面积统计的数据来看，各级别面积变化微小，其百分比没有变化。从防风固沙量变化大小等级来看（表6-13、图6-8），河南省主要以较高、较差级别为主，其中防风固沙量降低，变得较差的面积为69 135.5km²，占总面积的42.2%，其中连片大块面积分布在豫西和豫南山区；防风固沙量变得较高的区域为94 776.2km²，占总面积的57.8%；其他防风固沙量差和高级别的变化分别为11.6km²和2.9km²。

表 6-13　2000—2010 年河南省防风固沙功能变化

统计参数	差	较差	较高	高
面积（km^2）	11.6	69 135.5	94 776.2	2.9
比例（%）	0.0	42.2	57.8	0.0

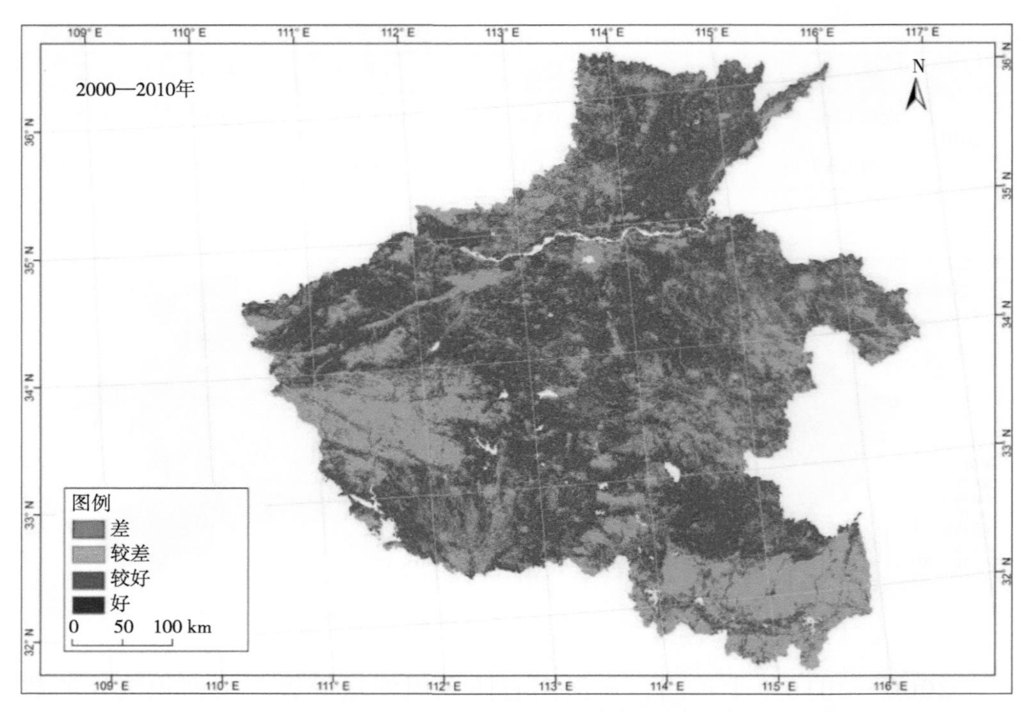

图 6-8 2000—2010 年河南省防风固沙功能变化分布

6.4.5 生态系统产品提供功能及其十年变化

2000年河南省食物生产总量高等级面积最少（表6-14、图6-9），为3 660.6km^2，占河南省面积的1.7%，到了2010年，河南省食物生产总量高等级面积为23 996.2km^2，占河南省面积的11.3%，增加了近10个百分点，主要分布在邓州市、唐河县、固始县、太康县、永城市和滑县；2000—2010年，河南省食物生产总量较高等级面积由24 556.4km^{2}增加到43 685.9km^2，增加面积占河南省国土面积的9%，增加的区域主要分布在豫东平原上；中等级别的食物生产总量面积略有降低，由54 161.5km^{2}减少到51 217.7km^2，减少面积占河南省国土面积的1.4%，但分布区域由豫东平原西移到豫中平原；食物生产总量较低等级面积由65 955.4km^{2}减少到45 115.7km^2，所占河南省面积的比例由30.9%降至21.2%，降低近10个百分点，其分布的区域由原来的豫南山区和豫西山区一带的县市变为集中在豫西山区。而低等级别的食物生产总量区域依然主要分布在豫西山区及其邻近地带，但面积呈减小趋势，减少了7.3%。

表 6-14 河南省食物生产总量功能分级特征

年份	统计参数	高	较高	中	较低	低
2000	面积（km^2）	3 660.6	24 556.4	54 161.5	65 955.4	64 860.1
	比例（%）	1.7	11.5	25.4	30.9	30.4
2010	面积（km^2）	23 996.2	43 685.9	51 217.7	45 115.7	49 178.6
	比例（%）	11.3	20.5	24.0	21.2	23.1

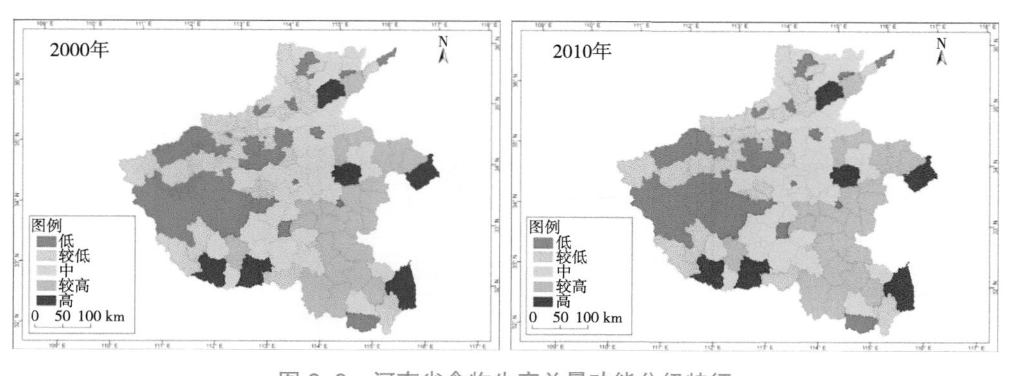

图 6-9 河南省食物生产总量功能分级特征

总的来看，从2000—2010年这十年间，河南省的食物生产功能的级别向着高级别不断增加。河南省总体的食物总量处于一个增加的趋势（表6-15、图6-10），其中增加量属于较高级别的占主导，为131 218.1km^2，占河南省总面积的61.5%，其次是食物增加总量属于高级别的面积为64 573.4km^2，占河南省总面积的30.3%，主要分布在豫东和豫南地区的县市里；食物增加总量变化属于差级别的地区较少，为14 008.1km^2，仅占河南省总面积的6.6%，主要分布在义马市、洛阳市、偃师市、焦作市、新乡县和濮阳市；食物增加总量变化属于较差级别的地区最少，面积为

3 394.3km^2，占河南省面积的1.6%，分布在漯河市。由此可见，河南省近十年各县市的食物生产功能大部分处于增加变好的状态，仅有极个别地区处于降低的趋势。

表 6-15　2000—2010 年河南省食物生产总量变化特征

统计参数	差	较差	较高	高
面积（km^2）	14 008.1	3 394.3	131 218.1	64 573.4
比例（%）	6.6	1.6	61.5	30.3

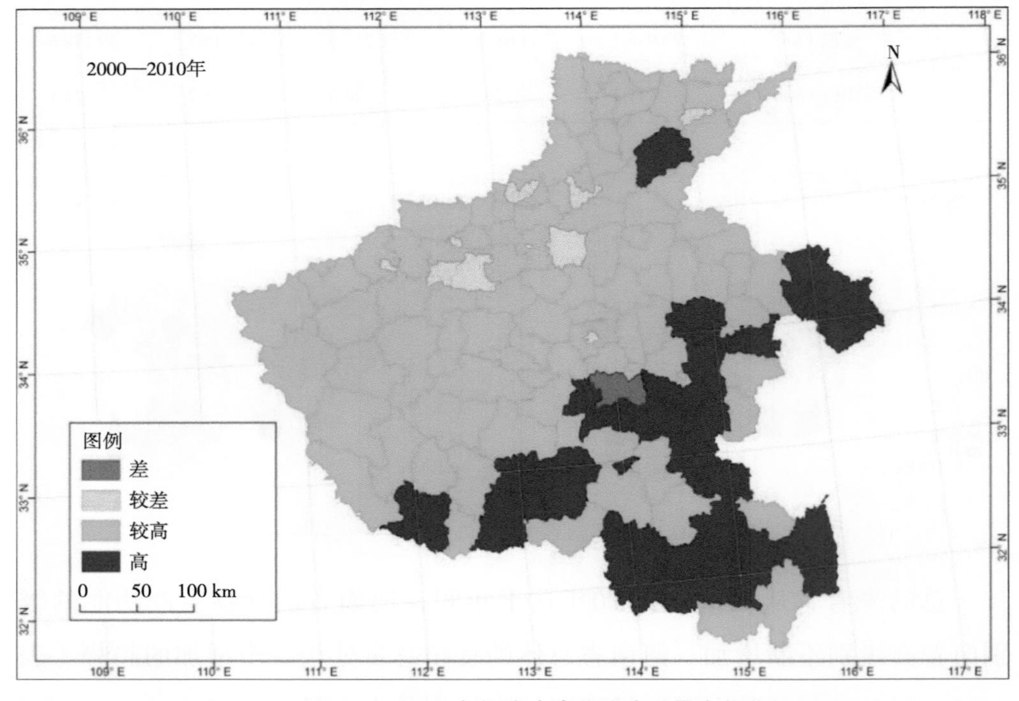

图 6-10　2000—2010 年河南省食物生产总量变化分级图

6.5 小结

河南省生态系统总体上处于生态敏感性较弱但综合承载功能较强的状态。在全国生态系统服务功能综合评价等级中，主要处于中等重要和一般的水平。

（1）生态系统生物多样性功能变化趋势不显著。河南省各类土地利用类型种类较多，生境丰富，按照地势高低，其保护重要性程度依次降低。物种丰富度水平呈现豫西和豫北山地高，豫东平原地区低的特点。生物多样性保护关键点主要分布在豫北太行山和豫南大别山等区域。河南省生物的生境质量基本上变化不大，略有向高级别转换的趋势，豫北太行山一带和豫南桐柏山以及大别山沿线生物的生境质量有所提高。河南省生物多样性降低主要源于生境破坏、过度捕捞和生态入侵。建成的不同级别的自然保护区由2000年的19个增加到2010年的35个，在生物多样性保护方面起到了积极的作用。

（2）土壤保持功能总体较差，略有变好趋势。河南省属于我国第二级阶地向第三级阶地以降水为主导的地理过渡带。北、西、南有群山环绕，中东部属于平坦辽阔的黄淮海平原，土壤侵蚀驱动因子主要是水力侵蚀，且程度处于微弱水平。土壤侵蚀的重点区域主要分布在河南省王屋山、嵩山和大别山边缘。水力侵蚀的主要原因是降水和径流冲刷。从2000—2010年这十年来，生态系统土壤保持功能在区域上的高低变化对比鲜明，土壤保持功能等级向高的方向发展。

（3）水文调节功能总体减弱，局部增长明显。森林水源涵养在生态系统中起着重要的作用，如拦蓄降水、涵养土壤水分和补充地下水、缓解水资源短缺、调节河流径流、防治区域洪涝干旱等。2000—2010年间，河南省的水文调节量变得较差，主要分布在王屋山、豫西山地、豫南大部分的大别山和桐柏山地。局部水文调节量调高了，主要集中在豫北太行山区和桐柏山以西。

（4）防风固沙功能以低级别为主，总体呈现提升趋势。从2000年、2010年河南省防风固沙功能的各级别所占比例来看，基本上没有变化，主要以低级别为主。十年间河南省总体防风固沙服务功能有所提升，防风固沙量功能降低区域占总面积的42.2%，提升区域占总面积的57.78%。

（5）产品供给功能总体较好，食物生产能力提高显著。河南省自古以来就是我国重要的粮食产区，其食品供给功能对全国极其重要。随着河南省定为粮食生产核心区等国家战略的实施，国家对粮食生产的关注和科技的不断进步，农业现代化进程不断推进，农业管理逐步规范化、科学化，使得粮食单产不断增加，促进了粮食的生产。河南省的食物生产功能的级别向着高级别不断增加，河南省近十年各县市的食物生产功能大部分处于增加变好的状态，仅有极个别地区处于降低的趋势。

7 生态胁迫分析及其十年变化

生态系统胁迫是指对维持生态系统稳定和良好演变不利的各种因素。生态系统胁迫因素主要包括自然变化和人类活动两类。自然变化类的生态系统胁迫因素主要包括各种类型自然灾害和气候变化等，人类活动类的生态系统胁迫因素主要包括人口增长、社会经济发展和环境污染物排放等。

7.1 评估指标体系

生态系统胁迫评估指标体系包括人类活动强度和自然灾害发生强度两大类，人类活动包括社会经济活动强度、开发建设活动强度、农业活动强度、污染物排放强度4类，自然灾害包括干旱、洪涝、病虫草鼠和森林/草原火灾等4种灾害发生强度。具体如表7-1所示。

表 7-1 生态系统胁迫评估指标体系

一级指标	二级指标	三级指标
人类活动强度	社会经济活动强度	人口密度
		城镇人口密度
		GDP密度
		第一产业增加值密度
		第二产业增加值密度
		第三产业增加值密度

（续表）

一级指标	二级指标	三级指标
人类活动强度	开发建设活动强度	建设用地强度
		水利开发强度
		交通网络密度
		水资源利用强度
	农业活动强度	单位面积化肥使用量
	污染物排放强度	单位国土面积污水排放量
		单位国土面积COD排放量
		单位国土面积SO_2排放量
自然灾害发生强度	干旱灾害发生强度	干旱受灾率
		干旱成灾率
	洪涝灾害发生强度	洪涝受灾率
		洪涝成灾率
	病虫草鼠发生强度	病虫草鼠受灾率
		病虫草鼠成灾率
	森林/草原火灾发生强度	单位面积森林/草原年火灾发生频次
		单位面积森林/草原年火场总面积

7.1.1 人口密度

指标含义：单位面积国土年末总人口数量，在宏观层面评估人口因素给生态环境带来的压力及其时空演变。

计算方法：收集各县（区）历年年末总人口数量以及各县（区）国土面积，计算各县（区）历年人口密度：

$$PD_{i,t} = \frac{P_{i,t} \times 10\ 000}{A_i}$$

式中：$PD_{i,t}$为第i个区（县）第t年人口密度（人/km^2）；$P_{i,t}$为第i个区（县）第t年年末总人口（万人）；A_i为第i个县区国土面积（km^2）。

7.1.2 城镇人口密度

指标含义：指单位面积面积年末城镇人口总数，在宏观层面评估人口因素给生态环境带来的压力及其时空演变。

计算方法：根据各县（区）历年年末城镇人口总数以及各县（区）土地面积，计算各县（区）历年城镇人口密度。

$$UPD_{i,t}=\frac{UP_{i,t}\times 10\ 000}{A_i}$$

式中：$UPD_{i,t}$为第i个县（区）第t年人口密度（人/km^2）；$UP_{i,t}$为第i个县（区）第t年年末常住城镇人口总数（万人）；A_i为第i县（区）国土面积（km^2）。

7.1.3 GDP 密度

指标含义：指单位国土面积按2000年可比价计算地区生产总值，用来评估宏观经济给生态环境带来的压力。

计算方法：①收集2000年各县（区）现价GDP数据，以及按照1978年或者其他固定年份为100的2000年、2005年与2010年GDP指数数据；如果收集不到按照1978年或者其他固定年份为100的GDP指数，则需要收集2001—2010年按照上一年为100的GDP指数数据。

②计算各县（区）2005年和2010年按2000年可比价GDP。如果能够收集到按照1978年或者其他固定年份为100的GDP指数数据时，则可分别计算2005年和2010年各县（区）可比价GDP。

$$2005\text{年}GDP（\text{按}2000\text{年可比价}）=2000\text{年现价}GDP\times\frac{2005\text{年}GDP\text{指数}（1978\text{年}=100）}{2000\text{年}GDP\text{指数}（1978\text{年}=100）}$$

如果不能收集到按照1978年或者其他固定年份为100的GDP指数数据，而收集到2001—2010年按照上一年为100的GDP指数（上一年=100）数据，则分别计算2005年和2010年各县（区）可比价GDP。

$$2005年GDP（按2000年可比价）=2000年现价GDP \times \frac{2001年GDP指数（上年=100）}{100} \times \frac{2002年GDP指数（上年=100）}{100} \times \cdots\cdots \times \frac{2005年GDP指数（上年=100）}{100}$$

$$2010年GDP（按2000年可比价）=2000年现价GDP \times \frac{2001年GDP指数（上年=100）}{100} \times \frac{2002年GDP指数（上年=100）}{100} \times \cdots\cdots \times \frac{2010年GDP指数（上年=100）}{100}$$

③计算各县（区）2000年、2005年和2010年单位国土面积可比价GDP。

$$DGDP_{i,t} = \frac{GDP_{i,t}}{A_i}$$

式中：$DGDP_{i,t}$第i县（区）第t年GDP密度（万元/km^2）；$UP_{i,t}$为第i县（区）第t年份按2000年可比价计算的GDP（万元）。

7.1.4　第一产业增加值密度

指标含义：指单位国土面积按2000年可比价计算第一产业增加值，在宏观层面评估农林牧副渔业发展给生态环境带来的压力及其时空演变。

计算方法：①与可比价GDP数据收集和计算方法类似，收集并计算各县（区）2000年、2005年和2010年按2000年可比价第一产业增加值数据。②根据各县（区）2000年、2005年、2010年可比价第一产业增加值和国土面积，计算各县（区）2000年、2005年和2010年单位国土面积可比价第一产业增加值（万元/km^2）。

7.1.5 第二产业增加值密度

指标含义：指单位国土面积按2000年可比价计算第二产业增加值，在宏观层面评估第二产业发展给生态环境带来的压力及其时空演变。

计算方法：①与可比价GDP数据收集和计算方法类似，收集并计算各县（区）2000年、2005年和2010年按2000年可比价第二产业增加值数据。②根据各县（区）2000年、2005年、2010年可比价第二产业增加值和国土面积，计算各县（区）2000年、2005年和2010年单位国土面积可比价第二产业增加值（万元/km^2）。

7.1.6 第三产业增加值密度

指标含义：指单位国土面积按2000年可比价计算第三产业增加值，在宏观层面评估第三产业发展给区域生态系统带来的胁迫及其时空演变。

计算方法：①与可比价GDP数据收集和计算方法类似，收集并计算各县（区）2000年、2005年和2010年按2000年可比价第三产业增加值数据。②根据各县（区）2000年、2005年、2010年可比价第三产业增加值和国土面积，计算各县（区）2000年、2005年和2010年单位国土面积可比价第三产业增加值（万元/km^2）。

7.1.7 建设用地指数

指标含义：指评估单元内建设用地面积占评估单元总面积的百分比。

计算方法：以县级行政区为单元，计算建设用地面积占总土地面积比例，计算公式为：

$$USLI_{i,t}(\%)=\frac{USL_{i,t}}{A_i}\times 100$$

式中：$USLI_{i,t}$为第i个县（区）第t个年份建设用地指数（%）；$USL_{i,t}$为第i个县（区）第t个年份建设用地面积（km^2）；A_i为第i个县（区）国土面积（km^2）。

建设用地面积利用土地覆被分类数据，包括城乡居住地、工业用地和交通用地等。

7.1.8 水利开发强度指数

指标含义：评估水利开发给区域生态系统带来的胁迫及其时空演变。

计算方法：

$$HEI_{i,t}(\%)=\frac{RSC_{i,t}}{TWR_i \times 10\ 000}\times 100$$

式中：$HEI_{i,t}$为第i个地区第t个年份水利开发强度指数（%）；$RSC_{i,t}$为第i个地区第t个年份水库库容（万m^3）；TWR_i为第i个地区多年平均地表水资源总量（亿m^3）。

7.1.9 交通网络密度

指标含义：指单位国土面积四级及四级以上公路长度，用来评估公路建设对生态系统的胁迫效应。

计算方法：

$$RD_{i,t}(\%)=\frac{RL_{i,t}}{A_i}\times 100$$

式中：$RD_{i,t}$为第i个县（区）第t年交通网络密度（km/km^2）；$RL_{i,t}$为第i个县（区）第t年四级与四级以上公路长度（km）；A_i为第i个县（区）国土面积（km^2）。

7.1.10 水资源利用强度指数

指标含义：采用用水量占水资源总量的比值评估区域水资源利用状况。

计算方法：根据区域工业、农业、生活、生态环境等用水总量占评估区域的水资源总量比值进行评估，评估方法如下：

$$WRUI_{i,t}(\%)=\frac{WRU_{i,t}}{TWR_{i,t}\times 10\ 000}\times 100$$

式中：$WRUI_{i,t}$为第i个地区第t年水资源利用强度指数（%），数据精确到小数点后两位；$WRU_{i,t}$为第i个地区第t年工业、农业、生活、生态环境等用水总量（万m^3）；$TWR_{i,t}$为第i个地区第t年地表水资源总量（亿m^3）。

7.1.11　化肥施用强度

指标含义：指单位国土面积农业化肥施用量，反映农业生产活动给生态系统带来的胁迫。

计算方法：化肥施用强度计算公式为：

$$CFUI_{i,t}=\frac{CFUI_{i,t}}{A_i}CFUI$$

式中：$CFUI_{i,t}$为第i个县（区）第t个年份化肥施用强度（t/km²），数据精确到小数点后两位；$CFU_{i,t}$为第i个县（区）第t个年份化肥施用量（t）；A_i为第i个县（区）国土面积（km²）。

7.1.12　单位国土面积污水排放量

指标含义：指单位国土面积生活污水和工业废水排放量，反映污水排放给湿地生态系统带来的胁迫。

计算方法：收集各地区2000年、2005年和2010年生活污水和工业废水排放量数据，计算各地区历年单位国土面积污水排放量。

$$WWDI_{i,t}(\%)=\frac{WWD_{i,t}}{A_i}\times 100$$

式中：$WWDI_{i,t}$为第i个地区第t个年份单位国土面积污水排放量（t/km²）；$WWD_{i,t}$为第i个地区第t年生活污水和工业废水排放总量（t）；A_i为第i个地区国土面积（km²）。

7.1.13 单位国土面积 COD 排放量

指标含义：指单位国土面积生活污水和工业废水中的COD排放量，反映污水排放给湿地生态系统带来的胁迫。

计算方法：收集各地区2000年、2005年和2010年生活污染和工业废水中COD排放量数据；计算地区历年单位国土面积COD排放量。

$$CODI_{i,t}(\%) = \frac{COD_{i,t}}{A_i} \times 100$$

式中：$CODI_{i,t}$为第i个地区第t个年份单位国土面积COD排放量（t/km^2）；$COD_{i,t}$为第i个地区第t个年份生活污水和工业废水中COD排放总量（t）；A_i为第i个地区国土面积（km^2）。

7.1.14 单位国土面积 SO_2 排放量

指标含义：指单位国土面积生活和工业SO_2排放量，反映大气污染物排放对酸雨及各类生态系统的影响。

计算方法：收集各地区2000年、2005年和2010年工业和生活源SO_2排放量数据；计算各地区历年单位国土面积SO_2排放量。

$$SDOI_{i,t} = \frac{SDO_{i,t}}{A_i} \times 100\%$$

式中：$SDOI_{i,t}$为第i个地区第t个年份单位国土面积SO_2排放量（t/km^2）；$SDO_{i,t}$为第i个地区第t年工业和生活SO_2排放总量（t）；A_i为第i个地区国土面积（km^2）。

7.1.15 干旱受灾率

$$干旱受灾率=（\%）\frac{评价单元干旱受灾面积}{评价单元国土面积} \times 100$$

7.1.16 干旱成灾率

$$干旱成灾率=（\%）\frac{评价单元干旱成灾面积}{评价单元国土面积} \times 100$$

7.1.17 洪涝受灾率

$$洪涝受灾率=（\%）\frac{评价单元洪涝受灾面积}{评价单元国土面积}\times 100$$

7.1.18 洪涝成灾率

$$洪涝成灾率=（\%）\frac{评价单元洪涝成灾面积}{评价单元国土面积}\times 100$$

7.1.19 病虫草鼠害受灾率

$$病虫鼠草害受灾率=（\%）\frac{评价单元森林和草地病虫草鼠害受灾面积}{评价单元森林和草地总面积}\times 100$$

7.1.20 病虫草鼠害成灾率

$$病虫鼠草害成灾率=（\%）\frac{评价单元森林和草地病虫草鼠害成灾面积}{评价单元森林和草地总面积}\times 100$$

7.1.21 单位森林 / 草地面积火灾频次（次 /km^2）

$$单位森林/草地面积年火灾频次=\frac{评价区内森林和草地发生火灾的总次数}{评价区内森林和草地总面积}$$

7.1.22 单位森林 / 草地面积年火场面积（hm^2/km^2）

$$单位森林/草地面积年火场频次=\frac{评价区内森林和草地火场总次数}{评价区内森林和草地总面积}$$

7.2 评估方法

7.2.1 人类活动胁迫综合评估分析

综合社会经济活动强度、开发建设活动强度、农业活动强度、污染物排放强度4类，建立人类活动胁迫综合指数，分析人类活动胁迫的强度特征。

采用主成分分析法评估各评估单元、不同时段人类活动胁迫的相对大小，确定k个主成分参量计算人类活动胁迫综合指数：

$$HPI=\sum_{g=1}^{k}(\lambda_g/\sum_{g=1}^{m}\lambda_g)F_g$$

式中：λ_g为特征根，F_g为主成分分量。

7.2.2 自然灾害胁迫综合指数

综合干旱、洪涝、地震、病虫草鼠和森林/草原火灾4种自然灾害发生强度，计算得到自然灾害胁迫综合指数。指数通过采用成灾用和受损的农田、森林、灌丛、草地、湿地等生态系统面积与评估单元内这些生态系统总面积的比值计算得到。

$$NPI_{i,t}=\frac{(A_d)_{i,t}+(A_{fl})_{i,t}+(A_b)_{i,t}+(A_f)_{i,t}+(A_e)_{i,t}}{(A_n)_{i,t}}$$

式中：$NPI_{i,t}$为第i评估单元第t年自然灾害胁迫综合指数；（A_d）$_{i,t}$为第i评估单元第t年旱灾成灾面积（hm^2）；（A_{fl}）$_{i,t}$为第i评估单元第t年洪涝灾害成灾面积（hm^2）；（A_f）$_{i,t}$为第i评估单元第t年森林/草地火灾火场面积（hm^2）；（A_e）$_{i,t}$为第i评估单元第t年地震受损生态系统总面积（hm^2）；（A_n）$_{i,t}$为第i评估单元第t年农田、森林、灌丛、草地、湿地等生态系统总面积（km^2）。

7.3 评估结果

7.3.1 人类活动胁迫及其十年变化

人类活动包括社会经济活动强度、开发建设活动强度、农业活动强度、污染物排放强度4类。

7.3.1.1 社会经济活动强度

社会经济活动强度主要包括人口密度、城镇人口密度、GDP密度、第一产业增加值密度、第二产业增加值密度、第三产业增加值密度。

（1）人口密度。从河南省人口密度分布来看，河南省人口密度较大的区域主要分布在郑州、漯河、焦作、许昌等中原城市群所在地市，人口密度较小的区域主要分布在三门峡、信阳、济源、南阳等地市。从河南省人口密度变化趋势来看（图7-1、表7-2），2000—2010年河南省人口密度整体呈增加趋势，郑州市、开封、洛阳等12个地市呈增加趋势，人口密度增幅最大，达38.57%；安阳、许昌、南阳、商丘、信阳、周口、驻马店7个地市呈下降趋势，信阳降幅最大，达20.35%。

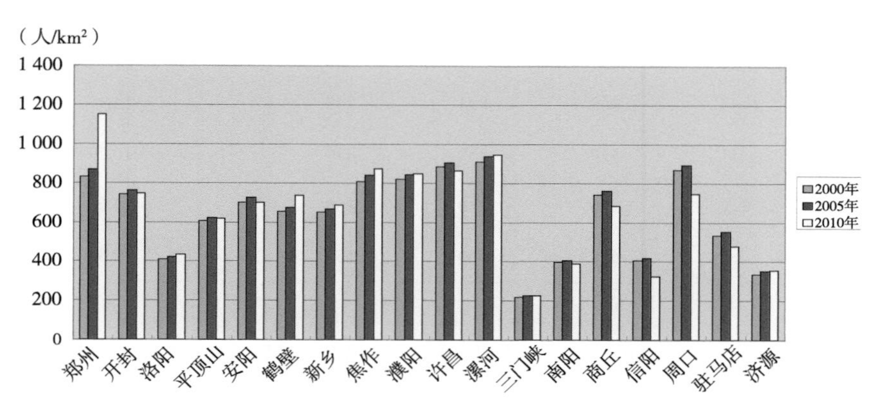

图 7-1 2000 年、2005 年和 2010 年河南省各地市人口密度变化情况

表 7-2 2000 年、2005 年、2010 年河南省 18 地市人口密度变化情况

单位：人/km²

序号	地市	2000年	2005年	2010年	2010年比2000年增加（%）
1	郑州	831	869	1152	38.57
2	开封	741	762	747	0.79
3	洛阳	410	422	431	5.03
4	平顶山	607	624	620	2.19
5	安阳	704	725	702	−0.16
6	鹤壁	658	676	738	12.25
7	新乡	651	668	691	6.15
8	焦作	808	842	873	8.02
9	濮阳	822	845	850	3.45
10	许昌	885	906	867	−2.05

（续表）

序号	地市	2000年	2005年	2010年	2010年比2000年增加（%）
11	漯河	910	939	947	4.02
12	三门峡	217	224	225	3.92
13	南阳	396	405	387	−2.08
14	商丘	744	763	687	−7.61
15	信阳	405	416	323	−20.35
16	周口	868	894	747	−13.97
17	驻马店	537	553	479	−10.79
18	济源	336	350	355	5.69
	河南省	640	660	657	2.54

（2）城镇人口密度。从河南省城镇人口密度分布来看，河南省人口密度较大的区域主要分布在郑州、焦作、漯河、鹤壁等地市，城镇人口密度较小的区域主要分布在南阳、驻马店、信阳等地市。从河南省城镇人口密度变化趋势来看，2000—2010年河南省人口密度整体呈增加趋势，周口、驻马店、郑州、南阳、安阳、新乡等地市增幅较大（图7-2、表7-3）。

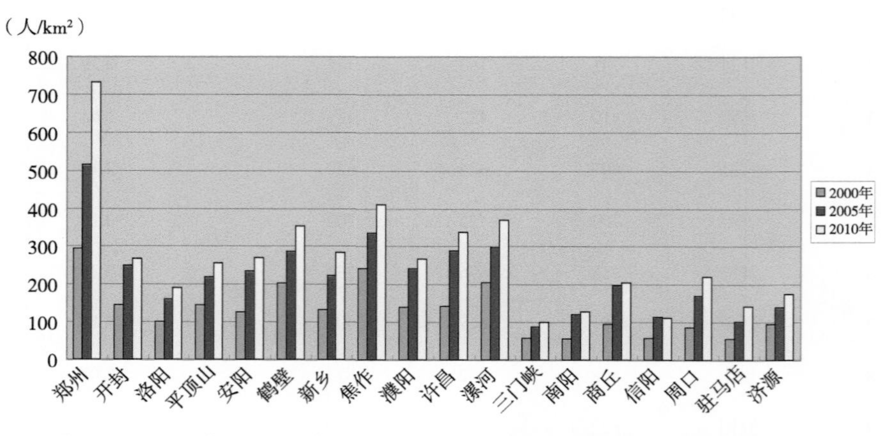

图 7-2　2000 年、2005 年和 2010 年河南省各地市城镇人口密度变化情况

表 7-3　2000 年、2005 年、2010 年河南省 18 地市城镇人口密度变化情况

单位：人/km²

序号	地市	2000年	2005年	2010年	2010年比2000年增加（%）
1	郑州	293.84	514.57	732.61	149.32
2	开封	143.79	249.18	269.00	87.08
3	洛阳	101.19	160.26	190.90	88.66
4	平顶山	144.11	218.17	256.65	78.09
5	安阳	126.32	235.65	271.15	114.64
6	鹤壁	201.96	287.93	354.36	75.46
7	新乡	133.11	224.32	283.98	113.33
8	焦作	241.52	336.72	410.84	70.10
9	濮阳	139.37	242.99	267.52	91.96
10	许昌	142.83	290.03	338.98	137.33
11	漯河	204.29	297.76	370.68	81.45
12	三门峡	59.45	87.75	99.63	67.58
13	南阳	55.81	121.65	127.83	129.04
14	商丘	95.32	199.24	204.45	114.50
15	信阳	58.69	114.26	110.83	88.85
16	周口	86.02	169.90	221.94	158.01
17	驻马店	56.31	103.31	142.40	152.90
18	济源	94.60	139.87	175.76	85.80

（3）GDP密度。从河南省GDP密度分布来看，河南省GDP密度较大的区域主要分布在郑州、漯河、焦作、许昌、鹤壁等地市，GDP密度较小的区域主要分布在三门峡、驻马店、信阳、南阳等地市。从河南省GDP密度变化趋势来看，2000—2010年河南省GDP密度整体呈增加趋势，郑州、洛阳、焦作、济源等地市增幅较大（图7-3、表7-4）。

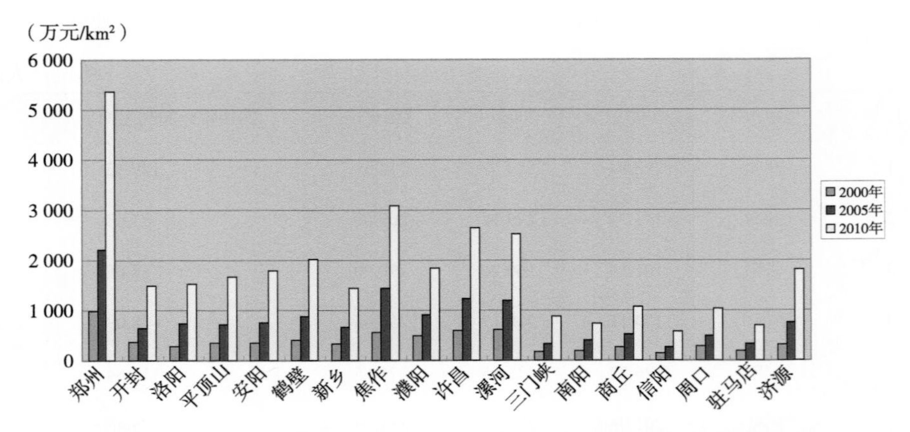

图 7-3　2000 年、2005 年和 2010 年河南省各地市 GDP 密度变化情况

表 7-4　2000 年、2005 年、2010 年河南省 18 地市 GDP 密度变化情况

单位：万元/km²

序号	地市	2000年	2005年	2010年	2010年比2000年增加（%）
1	郑州	981.28	2 207.95	5 372.81	447.53
2	开封	361.47	651.88	1 481.33	309.81
3	洛阳	277.79	730.93	1 524.57	448.83
4	平顶山	343.21	709.16	1 657.05	382.81
5	安阳	347.74	757.21	1 786.99	413.88
6	鹤壁	400.82	874.69	2 015.44	402.83
7	新乡	339.87	658.51	1 439.99	323.69
8	焦作	563.28	1439.22	3 070.62	445.13
9	濮阳	481.74	907.02	1 831.61	280.20
10	许昌	586.11	1218.05	2 648.42	351.86
11	漯河	610.13	1196.52	2 527.59	314.27
12	三门峡	169.93	337.75	881.11	418.51

（续表）

序号	地市	2000年	2005年	2010年	2010年比2000年增加（%）
13	南阳	195.97	397.26	736.64	275.89
14	商丘	268.80	524.03	1 068.84	297.63
15	信阳	138.02	268.88	577.26	318.24
16	周口	285.17	497.32	1 025.79	259.71
17	驻马店	185.54	331.46	698.02	276.21
18	济源	312.37	758.48	1804.53	477.69

（4）第一产业增加值密度。从河南省第一产业增加值密度分布来看，河南省第一产业增加值密度较大的区域主要分布在周口、商丘、开封等地市，较小的区域主要分布在郑州、洛阳、平顶山、三门峡等地市。从河南省第一产业增加值密度变化趋势来看，2000—2010年河南省第一产业增加值密度整体呈增加趋势，洛阳、驻马店等地市增幅较大（图7-4、表7-5）。

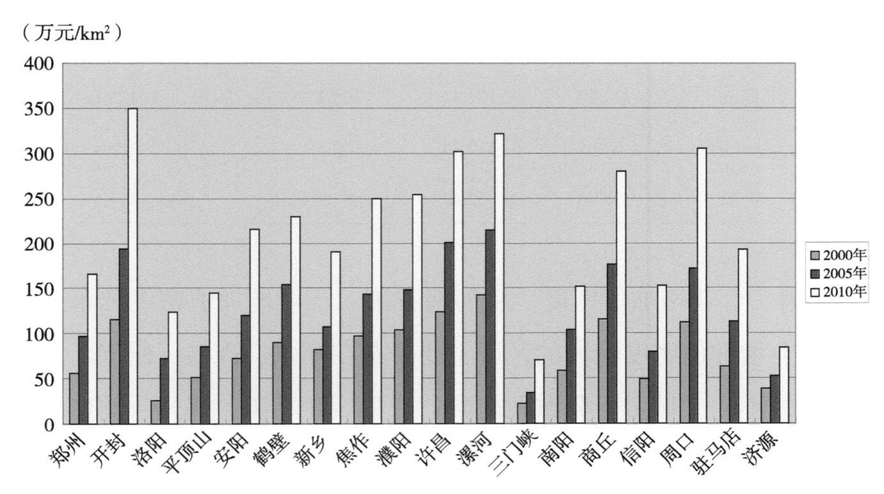

图 7-4　2000 年、2005 年和 2010 年河南省各地市一产密度变化情况

表 7-5　2000 年、2005 年、2010 年河南省 18 地市一产密度变化情况

单位：万元/km^2

序号	地市	2000年	2005年	2010年	2010年比2000年增加（%）
1	郑州	56.37	96.23	165.62	193.81
2	开封	115.81	193.79	350.40	202.56
3	洛阳	25.82	72.61	123.28	377.41
4	平顶山	51.89	84.66	145.02	179.47
5	安阳	72.29	120.13	216.07	198.91
6	鹤壁	90.02	153.47	229.32	154.75
7	新乡	81.12	107.73	190.17	134.44
8	焦作	96.62	144.00	249.65	158.39
9	濮阳	103.46	147.55	254.22	145.72
10	许昌	123.88	200.28	301.67	143.51
11	漯河	142.45	214.55	321.88	125.97
12	三门峡	22.72	33.35	70.54	210.45
13	南阳	57.96	103.99	151.29	161.01
14	商丘	115.55	175.80	279.88	142.21
15	信阳	48.68	79.53	152.29	212.82
16	周口	111.80	171.44	305.35	173.12
17	驻马店	63.05	112.74	192.55	205.41
18	济源	38.40	52.42	83.98	118.69

（5）第二产业增加值密度。从河南省第二产业增加值密度分布来看，河南省第二产业增加值密度较大的区域主要分布在郑州、许昌、鹤壁、洛阳、安阳等地市，较小的区域主要分布在南阳、信阳、驻马店、郑州、周口、商丘、开封等地市。从河南省第二产业增加值密度变化趋势来看，2000—2010年河南省第二产业增加值密度整体呈增加趋势，济源、焦作、鹤壁等地市增幅较大（图7-5、表7-6）。

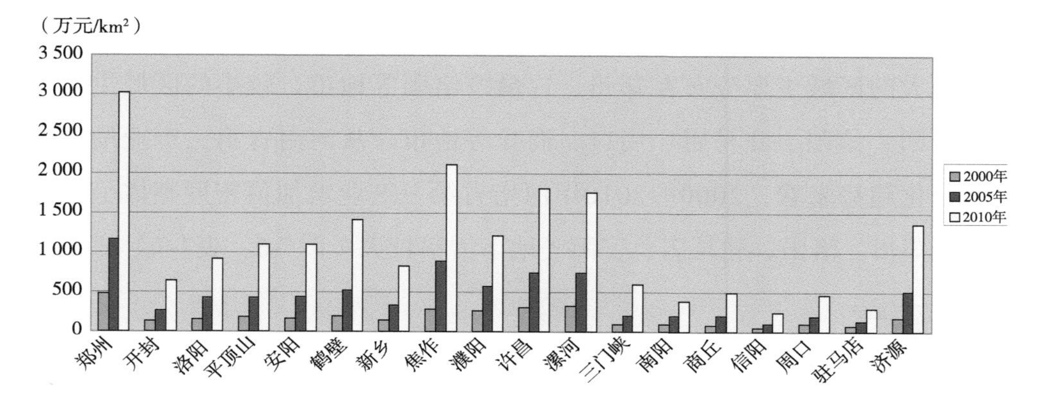

图 7-5　2000 年、2005 年和 2010 年河南省各地市二产密度变化情况

表 7-6　2000 年、2005 年、2010 年河南省 18 地市二产密度变化情况

单位：万元/km^2

序号	地市	2000年	2005年	2010年	2010年比2000年增加（%）
1	郑州	482.81	1 160.54	3 018.09	525.10
2	开封	128.11	261.85	640.12	399.65
3	洛阳	151.75	426.06	917.41	504.55
4	平顶山	179.80	426.42	1099.06	511.29
5	安阳	166.20	435.37	1099.28	561.40
6	鹤壁	194.83	518.90	1418.19	627.93
7	新乡	141.27	339.33	830.73	488.05
8	焦作	285.04	892.01	2107.93	639.52
9	濮阳	262.82	569.32	1217.28	363.16
10	许昌	309.44	744.92	1814.54	486.39
11	漯河	329.98	745.21	1762.74	434.20
12	三门峡	89.00	203.81	603.77	578.37
13	南阳	89.62	199.11	383.55	327.95
14	商丘	82.88	206.47	497.26	499.98
15	信阳	47.29	102.29	243.66	415.25
16	周口	105.73	197.53	465.92	340.65
17	驻马店	72.60	127.62	292.32	302.63
18	济源	174.74	509.14	1365.59	681.51

（6）第三产业增加值密度。从河南省第三产业增加值密度分布来看，密度较大的区域主要分布在郑州、许昌、洛阳等地市，较小的区域主要分布在南阳、信阳、驻马店、周口、商丘等地市。从河南省第三产业增加值密度变化趋势来看，2000—2010年河南省第三产业增加值密度整体呈增加趋势，郑州、洛阳、驻马店、安阳等地市增幅较大（图7-6、表7-7）。

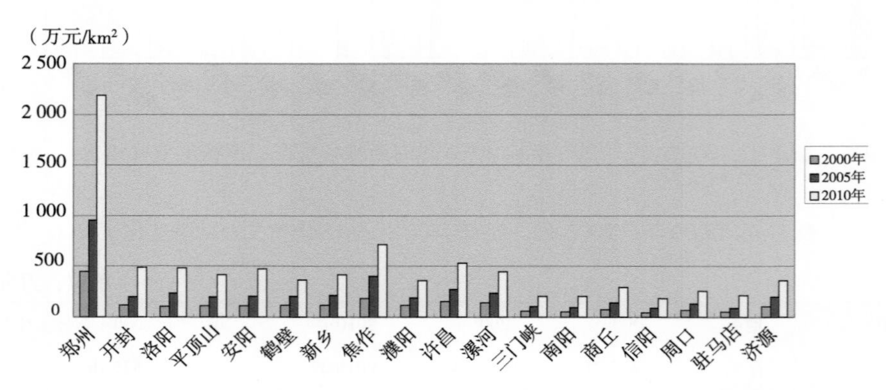

图7-6　2000年、2005年和2010年河南省各地市三产密度变化情况

表7-7　2000年、2005年、2010年河南省18地市三产密度变化情况

单位：万元/km^2

序号	地市	2000年	2005年	2010年	2010年比2000年增加（%）
1	郑州	442.10	951.18	2 189.11	395.16
2	开封	117.54	196.24	490.82	317.57
3	洛阳	100.21	232.26	483.88	382.85
4	平顶山	111.52	198.08	412.96	270.30
5	安阳	109.25	201.71	471.64	331.70
6	鹤壁	115.97	202.32	367.94	217.26
7	新乡	117.48	211.44	419.09	256.72
8	焦作	181.62	403.21	713.05	292.59
9	濮阳	115.46	190.15	360.11	211.88
10	许昌	152.79	272.86	532.21	248.33
11	漯河	137.70	236.76	442.97	221.68

（续表）

序号	地市	2000年	2005年	2010年	2010年比2000年增加（%）
12	三门峡	58.21	100.59	206.80	255.29
13	南阳	48.39	94.16	201.80	317.06
14	商丘	70.37	141.76	291.70	314.53
15	信阳	42.05	87.06	181.31	331.21
16	周口	67.64	128.34	254.52	276.31
17	驻马店	49.89	91.10	213.15	327.24
18	济源	99.23	196.92	354.97	257.72

7.3.1.2 开发建设活动强度

开发建设活动强度主要包括建设用地强度、水利开发强度、交通网络密度、水资源利用强度。

（1）建设用地强度。从河南省建设用地强度分布来看，密度较大的区域主要分布在漯河、商丘、周口等地市，较小的区域主要分布在洛阳、三门峡、南阳等地市。从河南省建设用地强度变化趋势来看，2000—2010年河南省建设用地强度整体呈增加趋势，郑州、许昌、濮阳等地市增幅较大（图7-7、表7-8）。

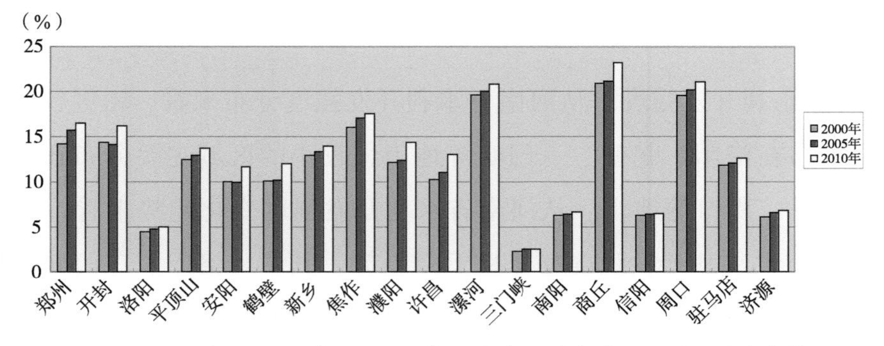

图 7-7 2000 年、2005 年和 2010 年河南省各地市建设用地强度变化情况

表 7-8　2000 年、2005 年、2010 年河南省 18 地市建设用地强度变化情况

单位：%

序号	地市	2000年	2005年	2010年	2010年较2000年提升比例
1	郑州	14.24	15.68	16.50	2.26
2	开封	14.34	14.13	16.23	1.89
3	洛阳	4.48	4.77	5.00	0.52
4	平顶山	12.46	12.93	13.70	1.24
5	安阳	9.97	9.93	11.64	1.67
6	鹤壁	10.08	10.15	11.96	1.88
7	新乡	12.91	13.35	14.00	1.09
8	焦作	16.07	17.04	17.56	1.49
9	濮阳	12.12	12.42	14.37	2.25
10	许昌	10.24	11.04	13.05	2.81
11	漯河	19.63	19.98	20.77	1.14
12	三门峡	2.34	2.52	2.55	0.21
13	南阳	6.24	6.39	6.65	0.41
14	商丘	20.85	21.14	23.15	2.30
15	信阳	6.25	6.45	6.52	0.27
16	周口	19.50	20.17	21.06	1.56
17	驻马店	11.83	12.08	12.60	0.77
18	济源	6.14	6.61	6.86	0.72

（2）水利开发强度。从河南省水利开发强度分布来看，密度较大的区域主要分布在洛阳、鹤壁、三门峡等地市，较小的区域主要分布在开封、濮阳、商丘、周口等地市。从河南省水利开发强度变化趋势来看，2000—2010年河南省水利开发强度整体呈下降趋势。其中，洛阳、三门峡等地市降幅较大，鹤壁、平顶山等地市增幅较大，鹤壁市2007年新建成了盘石头水库、平顶山2009年新建成了燕山水库（图7-8、表7-9）。

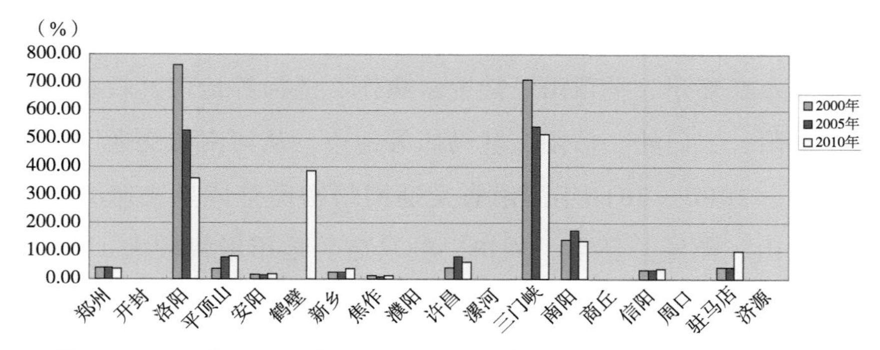

图 7-8　2000 年、2005 年和 2010 年河南省各地市水利开发强度变化情况

表 7-9　2000 年、2005 年、2010 年河南省 18 地市水利开发强度变化情况

单位：%

序号	地市	2000年	2005年	2010年	2010年较2000年提升比例
1	郑州	40.59	38.50	38.11	−2.48
2	开封	0.00	0.00	0.00	0.00
3	洛阳	760.03	527.61	358.81	−401.22
4	平顶山	37.19	76.81	82.79	45.60
5	安阳	16.14	15.11	17.70	1.56
6	鹤壁	0.00	0.00	384.32	384.32
7	新乡	24.08	23.93	37.58	13.50
8	焦作	10.58	6.25	12.69	2.11
9	濮阳	0.00	0.00	0.00	0.00
10	许昌	39.34	79.58	60.60	21.26
11	漯河	0.00	0.00	0.00	0.00
12	三门峡	708.03	541.48	515.57	−192.46
13	南阳	140.51	172.70	134.45	−6.06
14	商丘	0.00	0.00	0.00	0.00
15	信阳	32.76	33.23	37.65	4.89
16	周口	0.00	0.00	0.00	0.00
17	驻马店	42.35	42.11	100.84	58.49
18	济源	0.00	0.00	0.00	0.00
河南省		102.87	86.52	98.95	−3.92

（3）交通网络密度。从河南省交通网络密度分布来看，密度较大的区域主要分布在郑州、平顶山、鹤壁、焦作、漯河等地市，较小的区域主要分布在洛阳、三门峡、信阳、驻马店等地市。从河南省交通网络密度变化趋势来看，2000—2010年河南省交通网络密度整体呈快速增长趋势。其中，平顶山、鹤壁、新乡、周口、驻马店等地市增幅较大（图7-9、表7-10）。

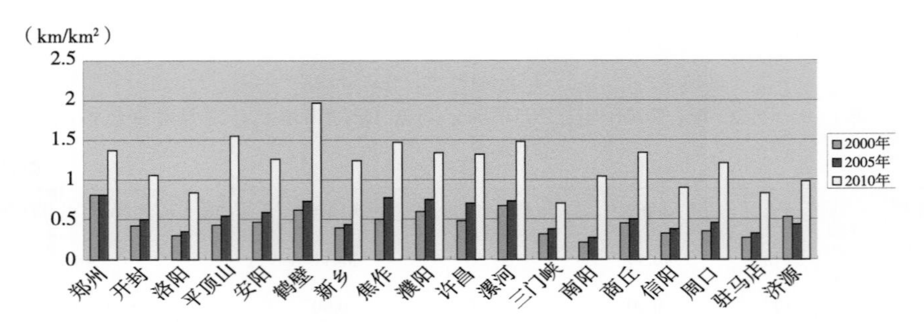

图 7-9　2000 年、2005 年和 2010 年河南省各地市交通网络密度变化情况

表 7-10　2000 年、2005 年、2010 年河南省 18 地市交通网络密度变化情况

单位：km/km²

序号	地市	2000年	2005年	2010年	2010年较2000年增幅（%）
1	郑州	0.81	0.81	1.37	69.14
2	开封	0.42	0.50	1.06	152.38
3	洛阳	0.30	0.35	0.84	180.00
4	平顶山	0.43	0.55	1.55	260.47
5	安阳	0.47	0.59	1.26	168.09
6	鹤壁	0.62	0.73	1.97	217.74
7	新乡	0.39	0.44	1.24	217.95
8	焦作	0.50	0.77	1.47	194.00
9	濮阳	0.60	0.75	1.34	123.33
10	许昌	0.48	0.70	1.32	175.00

（续表）

序号	地市	2000年	2005年	2010年	2010年较2000年增幅（%）
11	漯河	0.67	0.73	1.48	120.90
12	三门峡	0.31	0.38	0.70	125.81
13	南阳	0.21	0.27	1.04	395.24
14	商丘	0.45	0.50	1.34	197.78
15	信阳	0.32	0.38	0.90	181.25
16	周口	0.35	0.46	1.21	245.71
17	驻马店	0.27	0.33	0.83	207.41
18	济源	0.53	0.44	0.98	84.91

（4）水资源利用强度。从河南省水资源利用强度分布来看，强度较大的区域主要分布在新乡、焦作、濮阳等地市，较小的区域主要分布在南阳、信阳、三门峡、平顶山等地市。从河南省水资源利用强度变化趋势来看，2000—2010年河南省水资源利用强度整体呈增长趋势。其中，驻马店、漯河、周口等地市增幅较大（图7-10、表7-11）。

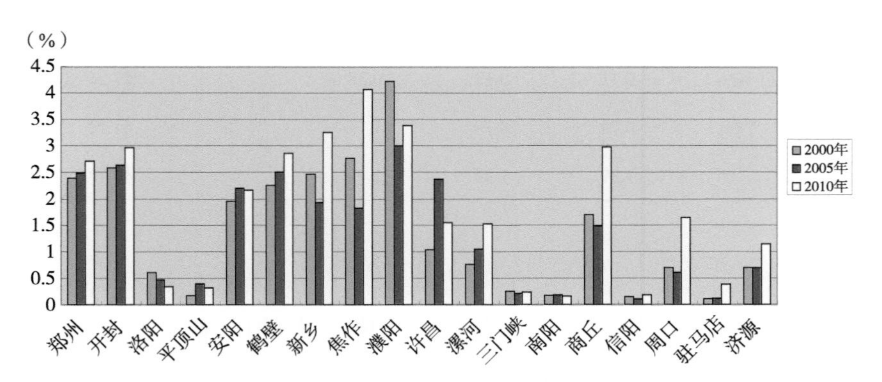

图 7-10　2000 年、2005 年和 2010 年河南省各地市水资源利用强度变化情况

表 7-11　2000 年、2005 年、2010 年河南省 18 地市水资源利用强度变化情况

单位：%

序号	地市	2000年	2005年	2010年	2010年较2000年增幅
1	郑州	2.39	2.49	2.72	13.96
2	开封	2.58	2.64	2.96	14.77
3	洛阳	0.61	0.47	0.34	−44.61
4	平顶山	0.17	0.39	0.31	79.19
5	安阳	1.96	2.21	2.16	10.28
6	鹤壁	2.26	2.50	2.86	26.28
7	新乡	2.47	1.93	3.25	31.69
8	焦作	2.77	1.83	4.07	47.06
9	濮阳	4.23	3.01	3.39	−19.85
10	许昌	1.03	2.38	1.55	50.49
11	漯河	0.76	1.05	1.52	99.04
12	三门峡	0.25	0.21	0.23	−8.67
13	南阳	0.17	0.18	0.16	−3.59
14	商丘	1.69	1.48	2.98	76.14
15	信阳	0.15	0.11	0.19	23.30
16	周口	0.69	0.61	1.64	139.00
17	驻马店	0.11	0.12	0.38	227.56
18	济源	0.70	0.70	1.14	61.12
河南省		1.39	1.35	1.77	45.73

7.3.1.3　农业活动强度

从河南省化肥施用强度分布来看，强度较大的区域主要分布在商丘、濮阳、漯河、许昌、周口等地市，较小的区域主要分布在洛阳、三门峡、济源等地市。从河南省化肥施用强度变化趋势来看，2000—2010年河南省化肥施用强度整体呈上升趋势。其中，新乡、商丘、安阳等地市增幅较大（图7-11、表7-12）。

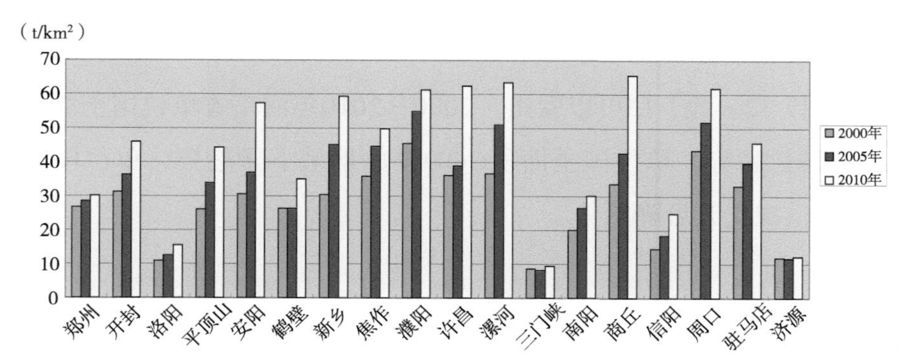

图 7–11　2000 年、2005 年和 2010 年河南省各地市化肥施用强度变化情况

表 7–12　2000 年、2005 年、2010 年河南省 18 地市化肥施用强度变化情况

单位：t/km²

序号	地市	2000年	2005年	2010年	2010年比2000年增加（%）
1	郑州	26.80	28.65	30.21	12.74
2	开封	31.31	36.40	45.83	46.40
3	洛阳	10.84	12.37	15.47	42.71
4	平顶山	26.09	33.95	44.29	69.78
5	安阳	30.65	36.94	57.41	87.29
6	鹤壁	26.24	26.35	35.07	33.68
7	新乡	30.44	45.00	59.35	94.97
8	焦作	35.96	44.79	49.88	38.73
9	濮阳	45.57	54.94	61.15	34.18
10	许昌	36.06	39.07	62.38	72.97
11	漯河	36.74	51.02	63.37	72.49
12	三门峡	8.48	8.23	9.29	9.56
13	南阳	19.97	26.58	30.12	50.87
14	商丘	33.61	42.60	65.59	95.13
15	信阳	14.43	18.41	24.99	73.17
16	周口	43.56	51.93	61.92	42.13
17	驻马店	32.98	39.80	45.80	38.89
18	济源	11.77	11.55	12.30	4.53
河南省		27.86	33.81	43.02	51.12

7.3.1.4 污染物排放强度

根据图7-12、表7-13可以看出，2000—2010年河南省单位国土面积污水排放量呈增长趋势，单位国土面积COD排放量呈下降趋势，单位国土面积SO_2排放量呈现先升后降趋势。

表 7–13 河南省单位国土面积污水、COD、SO_2 排放量变化情况

单位：t/km^2

序号	年份	单位国土面积污水排放量	单位国土面积COD排放量	单位国土面积SO_2排放量
1	2000	13 703.77	4.96	5.29
2	2005	15 852.91	4.35	9.81
3	2010	21 654.37	3.74	8.08

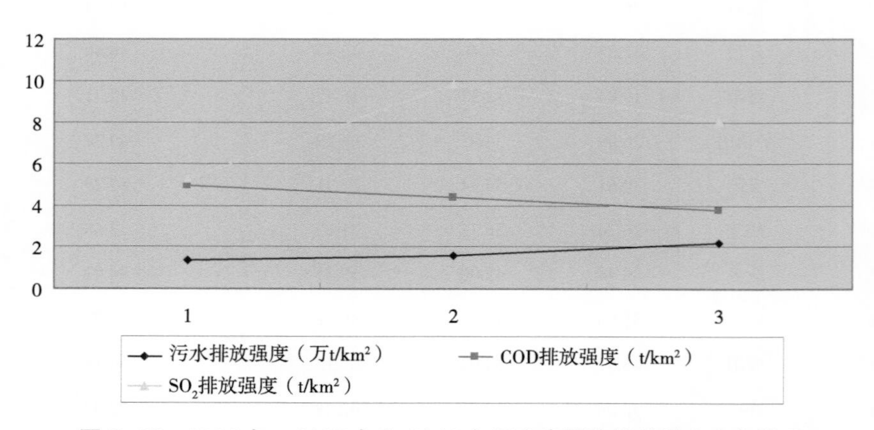

图 7–12 2000 年、2005 年和 2010 年河南省污染排放强度变化情况

7.3.1.5 人类活动胁迫综合评估分析

从2000年、2005年、2010年河南省18地市人类活动胁迫综合指数计算结果（表7-14）可以看出以下结论。

（1）人类活动胁迫综合指数分布区域经济发展基本一致。河南省是中国中部的重要省份，自改革开放以来河南省的国民经济持续快速健康发展，但由于资源条件、发展基础和经济结构不同，各地市之间经济发展的

不平衡性特征较为明显。郑州、洛阳、新乡、焦作、许昌、平顶山、漯河、安阳、鹤壁、济源等中原城市群和豫北地区地市经济较为发达。驻马店、商丘、周口、信阳、三门峡、南阳等黄淮地区和豫西豫西南地区地市是河南省的传统农区，经济相对滞后。

从2000年、2005年、2010年河南省18地市人类活动胁迫综合指数计算结果可以看出，人类活动胁迫综合指数较高的区域主要分布在郑州、漯河、许昌、焦作等经济较为发达的的地市，经济建设活动、开发建设强度、污染排放强度相对较高。人类活动胁迫综合指数较低的区域主要分布在信阳、南阳、驻马店、三门峡等经济相对滞后的区域。

（2）2000—2010年人类活动胁迫综合指数呈上升趋势。从2000年、2005年、2010年河南省18地市人类活动胁迫综合指数计算结果可以看出，2000—2010年人类活动胁迫综合指数总体呈上升趋势，增幅较大的区域主要分布在郑州、焦作、漯河等经济较为发展、经济建设活动、开发建设强度、污染排放强度相对较高的区域，而信阳、南阳、驻马店、三门峡等经济相对滞后的区域增幅较小。

表 7-14　2000 年、2005 年、2010 年河南省 18 地市人类活动胁迫综合指数及变化情况

序号	地市	2000年	2005年	2010年	2005年比2000年增加（%）	2010年比2005年增加（%）	2010年比2000年增加（%）
1	郑州	718.64	1 436.61	3 225.47	717.97	1 788.86	2 506.83
2	开封	326.78	502.48	936.13	175.7	433.65	609.35
3	洛阳	233.91	487.40	917.93	253.49	430.53	684.02
4	平顶山	307.54	523.64	1 043.44	216.1	519.8	735.9
5	安阳	317.44	564.08	1 118.23	246.64	554.15	800.79
6	鹤壁	354.05	625.81	1266.36	271.76	640.55	912.31
7	新乡	304.88	501.48	942.35	196.6	440.87	637.47
8	焦作	473.74	969.62	1 860.68	495.88	891.06	1 386.94
9	濮阳	406.26	662.01	1 165.97	255.75	503.96	759.71

（续表）

序号	地市	2000年	2005年	2010年	2005年比2000年增加（%）	2010年比2005年增加（%）	2010年比2000年增加（%）
10	许昌	467.16	838.95	1 607.56	371.79	768.61	1 140.4
11	漯河	496.28	832.86	1 566.02	336.58	733.16	1 069.74
12	三门峡	135.66	233.66	523.29	98	289.63	387.63
13	南阳	171.43	291.45	472.83	120.02	181.38	301.4
14	商丘	265.81	425.06	706.10	159.25	281.04	440.29
15	信阳	144.41	227.02	369.96	82.61	142.94	225.55
16	周口	293.20	425.70	695.37	132.5	269.67	402.17
17	驻马店	188.56	274.54	467.40	85.98	192.86	278.84
18	济源	237.02	489.86	1 055.56	252.84	565.7	818.54

7.3.2 自然灾害胁迫及其十年变化

自然灾害包括干旱、洪涝、病虫草鼠和森林/草原火灾等4种灾害发生强度。

7.3.2.1 自然灾害发生强度

根据图表（图7-13、表7-15、表7-16）可以看出，2000—2010年河南省干旱受灾率、干旱成灾率、洪涝受灾率、洪涝成灾率呈下降趋势，病虫草鼠受灾率、病虫草鼠成灾率呈下降趋势，单位森林面积火灾频次呈上升趋势、但单位森林面积火场面积呈下降趋势。

表 7-15　2000 年、2005 年、2010 年河南省干旱、洪涝发生强度变化情况

序号	年份	干旱受灾率（%）	干旱成灾率（%）	洪涝受灾率（%）	洪涝成灾率（%）
1	2000	18.11	14.09	19.33	13.72
2	2005	3.02	2.01	12.75	10.20
3	2010	10.06	2.01	6.82	5.46

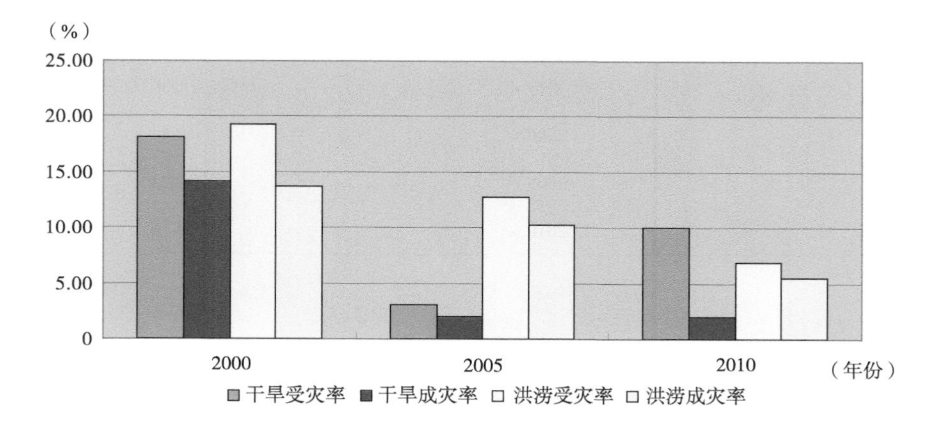

图 7–13 2000 年、2005 年和 2010 年河南省干旱、洪涝发生强度变化情况

表 7–16 2000 年、2005 年、2010 年河南省病虫草鼠、火灾发生强度变化情况

序号	年份	病虫草鼠成灾率（%）	病虫草鼠成灾率（%）	单位森林面积火灾频次（次/km^2）	单位森林面积火场面积（hm^2/km^2）
1	2000	1	1	0.001 6	0.028 2
2	2005	0.52	0.42	0.004 9	0.020 7
3	2010	0.50	0.40	0.012 0	0.016 3

7.3.2.2 自然灾害胁迫综合评估分析

从2000年、2005年、2010年河南省自然灾害胁迫综合指数计算结果可以看出（表7-17），2000—2010年河南省自然灾害胁迫综合指数呈下降趋势。2000—2010年，河南省加强林业生态建设、生物多样性保护、湿地保护、防灾减灾能力建设等，生态环境建设取得了明显成效，干旱成灾率、洪涝受灾率、洪涝成灾率、病虫草鼠受灾率、病虫草鼠成灾率均呈下降趋势。虽然，单位森林面积火灾频次呈上升趋势，但由于通过强化森林防火设施建设、装备建设等，森林火灾的防控能力不断增强，单位森林面积火场面积呈下降趋势。

表 7-17 2000 年、2005 年、2010 年河南省自然灾害胁迫综合指数及变化情况

序号	年份	自然灾害胁迫综合指数
1	2000	0.44
2	2005	0.22
3	2010	0.16

7.4 小结

（1）河南省人类活动对生态系统产生的胁迫大于自然变化对生态系统产生的胁迫。总体来看，2000—2010年是河南省经济社会快速发展阶段，人类活动包括社会经济活动强度、开发建设活动强度、农业活动强度、污染物排放强度等大幅增加，河南省人类活动强度对生态环境的影响大于自然灾害发生强度对生态环境的影响。

（2）人类活动对生态系统产生的胁迫持续增强，空间分布与区域经济发展水平具有一致性。从2000年、2005年、2010年河南省18地市人类活动胁迫综合指数计算结果可以看出，2000—2010年人类活动胁迫综合指数呈上升趋势，增幅较大的区域主要分布在郑州、焦作、漯河等经济较为发展、经济建设活动、开发建设强度、污染排放强度相对较高的区域，而信阳、南阳、驻马店、三门峡等经济相对滞后的区域增幅较小。人类活动胁迫综合指数分布区域经济发展基本一致，人类活动胁迫综合指数较高的区域主要分布在郑州、漯河、许昌、焦作等经济较为发达的地市，经济建设活动、开发建设强度、污染排放强度相对较高。人类活动胁迫综合指数较低的区域主要分布在信阳、南阳、驻马店、三门峡等经济相对滞后的区域。

（3）河南省自然灾害胁迫综合指数呈下降趋势，自然变化对生态系统产生的胁迫减弱。从2000年、2005年、2010年河南省自然灾害胁迫综合指数计算结果可以看出，2000—2010年河南省自然灾害胁迫综合指数呈下降

趋势。2000—2010年，河南省加强防灾减灾能力建设，干旱成灾率、洪涝受灾率、洪涝成灾率、病虫草鼠受灾率、病虫草鼠成灾率均呈下降趋势。虽然，单位森林面积火灾频次呈上升趋势，但由于通过强化森林防火设施建设、装备建设等，森林火灾的防控能力不断增强，单位森林面积火场面积呈下降趋势。

8 生态环境问题及其十年变化

生态环境问题主要是指由于人类活动引起的自然生态系统退化、环境质量恶化及由此衍生的不良生态环境效应，包括土地退化（土壤侵蚀、沙漠化、石漠化）、草地退化、森林退化、湿地退化等。

8.1 评估指标体系

根据调查内容，建立了生态环境问题调查评估指标体系，具体调查评价指标和指标计算所需参数如表8-1所示。

表 8-1 生态环境问题评价指标体系及参数

评价内容	评价指标	评价参数
土壤退化	水土流失强度	植被覆盖度
		地形坡度
		沟谷密度
		土壤因子
		岩性因子
		月均降雨量
森林质量变化	森林退化指数	生物量
		同一时段同一自然地理带内各类森林生态系统最大生物量
草地退化	草地退化指数	植被覆盖度
		同一时段同一自然地理带内各类草地最大覆盖率
湿地退化	湿地退化程度	近十年湿地面积净变化率

8.2 评估数据源

采用遥感解译获得的2000年、2005年和2010年三期河南省土地覆盖与生态系统分类产品、河南省地表生态参数反演产品、生态系统定位监测站的长期监测数据以及基础地理信息与环境背景数据（表8-2~表8-4）。

表 8-2 河南省地表生态遥感反演参数

名称	分辨率（m）	时相	来源
植被覆盖度	250	2000—2010年逐月数据	中国科学院遥感所
生物量	250	2000—2010年逐月数据	中国科学院遥感所
基岩裸露率	250	2000年、2005年、2010年，6—9月	基于土地覆盖产品计算
风蚀地或流沙面积	250	2000年、2005年、2010年，6—9月	基于土地覆盖产品计算
生态系统/土地覆盖类型	30	2000年、2005年、2010年	中国科学院遥感所
生态系统/土地覆盖面积	30	2000年、2005年、2010年	中国科学院遥感所

表 8-3 地面调查数据

采样方式	数据项	来源
长期观测站	典型土地退化参数	中国科学院网络台站
全国地面生态调查	植被覆盖度	项目实施管理办公室
长期观测站	生态系统生物量	中国科学院网络台站
长期观测站	空气温度、风速、月降雨量、年降雨量、多年均产流降雨量	国家气象局

表 8-4 基础地理信息和环境背景数据

名称	时间	来源
1：25万数字高程（DEM）	最近	中国科学院地理所/美国地质调查局
1：100万全国数字化土壤图	最近	中国科学院地理所地球系统科学信息共享中心
1：100万地质图	最近	中国地质科学院
1：100万全国湖泊与水库	最近	中国科学院地理所地球系统科学信息共享中心
1：100万全国沙漠化分布图	最近	国家林业局
1：100万全国石漠化分布图	最近	国家林业局
1：100万全国土壤侵蚀分布图	最近	水利部

8.3 评估方法

8.3.1 水土流失强度

水土流失强度通过土壤侵蚀强度来评价，计算水蚀强度指标，这里可采用中国生态系统服务功能评价中所获取的土壤侵蚀模数数据，评价区域的土地特征信息参考河南省生态系统格局、全国1：100万数字化土壤图中的数据，分级标准基于水利部发布的《土壤侵蚀分类分级标准SL190—2007》，并进一步将其中的6级分类合并为微度、轻度、中度、重度（强度、极强度）与极重度5个等级，评价标准具体如表8-5。

表 8–5 土壤侵蚀强度分级标准

级别	平均侵蚀模数[t/（km^2·a）]
微度	<200
轻度	200 ~ 2 500
中度	2 500 ~ 5 000
重度	5 000 ~ 15 000
极重度	>15 000

8.3.2 森林退化指数

森林退化指数FDI指评价区域森林生物量和同一自然地理带内未退化的同一类型最大森林生物量的比值，与相对生物量密度相同，其定义如下式：

$$FDI(\%)=\frac{BD_{real}}{BD_{\max}}\times 100$$

式中：BD_{real}为森林生态系统生物量；$BD_{\max}$为森林生态系统顶级群落的生物量，采用2000年生态系统质量分析中相对生物量密度计算中的顶级生物量密度数据。

森林退化等级划分标准依据FDI值大小，分为未退化与退化森林，退化森林进一步分为轻度、中度、重度与极重度4个等级，具体分级标准见表8-6。

表 8-6 森林退化程度分级标准

退化等级	FDI值
未退化	FDI≥90%
轻度退化	75%≤FDI<90%
中度退化	60%≤FDI<75%
重度退化	30%≤FDI<60%
极重度退化	FDI<30%

8.3.3 草地退化指数

草地退化指数GDI为评价区域草地植被覆盖度和同一自然地理带内未退化的最大草地植被覆盖度的比值，如下式：

$$GDI=\frac{GCR_{real}}{GCR_{\max}}\times 100\%$$

式中：GDI为评价单元草地退化指数；GCR_{real}为评价单元内草地植被覆盖度；$GCR_{\max}$为与评价单元处于同一自然地理带内未退化草地的理想植被覆盖度，这时统一采用2000年植被覆盖度数据中与评价单元处于同一自然地理带内像元的最大值，自然地理区的划分参考中国植被分区图及其他草地分区的成果。

分级标准基于GDI值，参考《天然草地退化、沙化与盐渍化的分级指标（GB 19377—2003）》中有关覆盖度的等级标准，将原标准中的重度退化进一步分为重度与极重度两个等级，最终分为5个等级来判断草地的退化程度，具体见表8-7。

表 8–7 草地退化程度分级标准

草地退化等级	GDI值
未退化	GDI≥90%
轻度退化	80%≤GDI＜90%
中度退化	70%≤GDI＜80%
重度退化	50%≤GDI＜70%
极重度退化	GDI＜50%

8.3.4 湿地退化程度

采用湿地面积变化率用来评估湿地是否退化以及退化的程度，公式及分级标准如下所述。

$$R（\%）=（A_{T2}-A_{T1}）/A_{T1}\times 100$$

式中：R为评价单元内湿地面积变化率；A_{T1}和A_{T2}分别为$T1$时段和$T2$时段评价单元内的湿地面积。

根据R值判断湿地的退化状况，湿地变化共分为萎缩湿地、稳定湿地和扩张湿地3个类型。当$R>5\%$时，为扩张湿地；$-5\%<R<5\%$时，为稳定湿地；当$R<-5\%$时，为萎缩湿地。萎缩湿地进一步分为轻度、中度、重度、极重度4个等级，具体分级标准见表8-8。

表 8–8 湿地退化程度评价标准

评价指标	轻度	中度	重度	极重度
湿地面积变化率（R值）	−15%～−5%	−30%～−15%	−50%～−30%	<−50%

8.4 评估结果

8.4.1 土壤退化空间格局及其十年变化

8.4.1.1 河南省2000年、2010年土壤退化分级特征

河南省2000年、2010年水土流失强度以微度和轻度为主，占河南省面积的91.76%。极重度地区占河南省面积的0.41%，面积分别为671.38km^{2}和679.62km^2，主要分布在济源北部太行山区、郑州西部低山区、驻马店、信阳桐柏大别山区等地；重度水土流失区2000年占河南省总面积的2.27%，2010年占河南省总面积的2.30%，面积分别为3 745.79km^{2}和3 792.14km^2，主要分布在北部太行山区、南部的桐柏大别山、伏牛山等低山丘陵区；中度水土流失区2000年占河南省总面积的5.52%，2010年占河南省总面积的5.62%，面积分别为9 180.35km^{2}和9 266.84km^2，主要分布在河南省北部、南部和西部的山区；轻度水土流失区2000年占河南省总面积的19.82%，2010年占河南省总面积的19.83%，面积分别为32 696.59km^{2}和32 715.85km^2，主要分布在河南省信阳、南阳、洛阳、三门峡、郑州、安阳、济源等低山丘陵区；微度水土流失区2000年占河南省总面积的71.94%，2010年占河南省总面积的71.85%，面积分别为118 709.2km^{2}和118 548.8km^2，主要分布在河南省广大平原地区（图8-1、图8-2、表8-9）。

与河南省水土流失现状对比，二者具有相对一致性。中度流失强度以上的地区，基本上就是目前水土流失严重的地区。从机理分析，水土流失同时受自然因素和人类活动的影响，降雨、土壤特性、地形起伏以及自然植被情况等都是自然因素，因此水土流失强度大的地区，本身水土流失基数就大，加上人类活动干扰的影响，局部地区的植被破坏对该地区的水土流失会产生很大影响，特别是在坡度较陡的地区更是如此。同时，人类活动强度过大，还可能改变自然因素的特性，也进一步加剧了水土流失的强度。河南省是全国人口集中分布区和粮食主产区，控制人口，建立基本

耕地，退耕还林还草，保持水土，发展旱作农业是生态环境建设的重点任务。

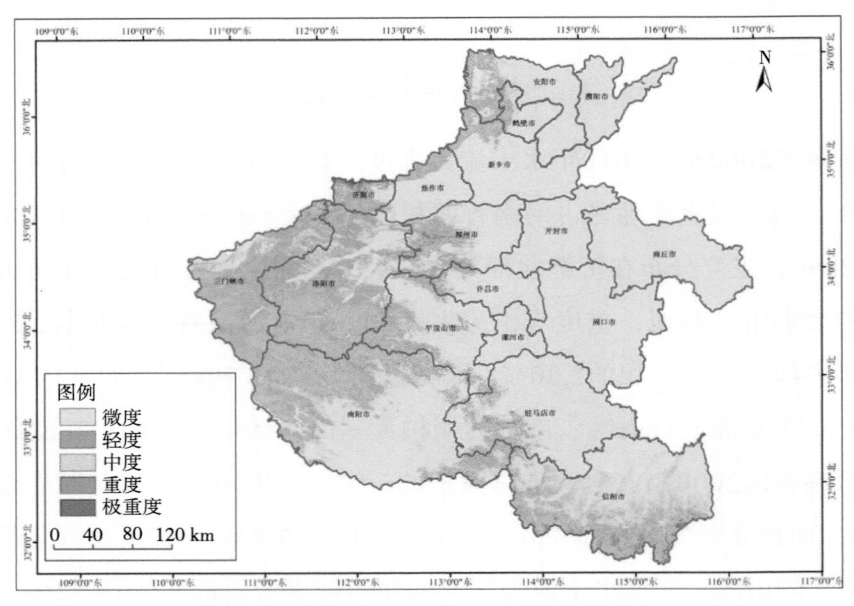

图 8–1 河南省 2000 年水土流失强度分布

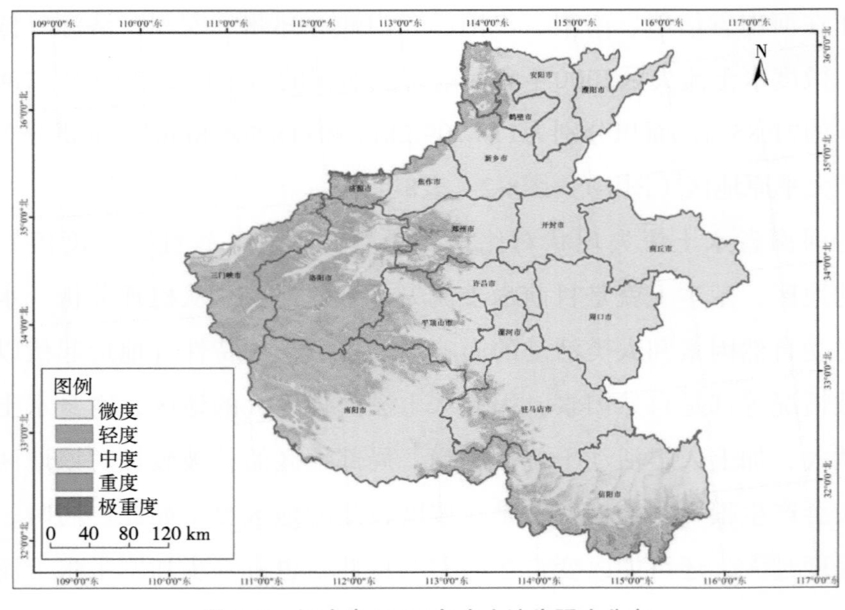

图 8–2 河南省 2010 年水土流失强度分布

表 8-9 河南省 2000 年、2010 年水土流失强度分级

年份	分级	微度	轻度	中度	重度	极重度
2000	面积（km^2）	118 709.2	32 696.59	9 180.35	3 745.79	671.38
	占总面积比例（%）	71.94	19.82	5.56	2.27	0.41
2010	面积（km^2）	118 548.8	32 715.85	9 266.84	3 792.14	679.62
	占总面积比例（%）	71.85	19.83	5.62	2.30	0.41

8.4.1.2 土壤退化强度变化特征

数据结果显示该区经过近十年的水土保持治理和生态环境建设，强度和极强度土壤侵蚀治理取得了一定进展，面积下降，但中度、重度侵蚀总面积有所增加。强度增强面积15 387.31km^2，占总面积的9.33%，保持不变的面积131 903.9km^2，占总面积的79.94%，强度减弱面积为17 712.05km^2，占总面积的10.73%。总体而言，强度减弱的面积大于强度增强的面积，说明由于各种自然原因和人为原因的存在，该区的土壤侵蚀仍处于边治理边破坏的状态，侵蚀强度虽然在下降，但侵蚀面积却在增加，而且增加的微度、轻度和中度水土流失强度若不采取合理措施极可能继续恶化而进一步转化为强度和极强度侵蚀（图8-3、表8-10）。

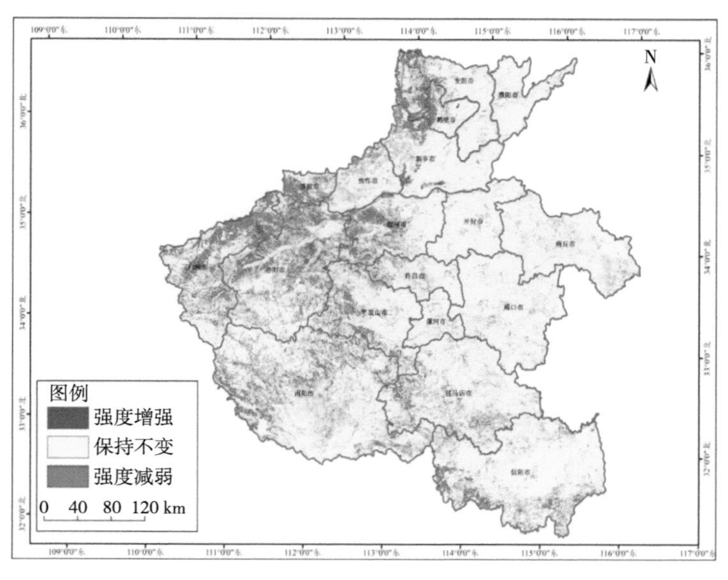

图 8-3 河南省 2000—2010 年水土流失强度变化特征分布

表 8-10 河南省 2000—2010 年水土流失强度变化统计

统计参数	强度增强	保持不变	强度减弱
面积（km^2）	15 387.31	13 1903.9	17 712.05
占总面积比例（%）	9.33	79.94	10.73

8.4.2 森林退化空间格局及其十年变化

8.4.2.1 森林退化空间分布特征与面积

根据森林退化指数FDI计算结果，河南省森林退化以极重度、重度等级为主，占比为97%以上，主要分布在太行山、伏牛山、桐柏大别山区。2000年、2005年和2010年极重度、重度等级占退化总面积比分别为99.33%、98.94%和97.6%，呈现降低趋势（图8-4），表明森林生态系统退化程度降低，森林质量有所提升。2000—2010年极重度退化面积逐渐减少，退化程度有所降低，向重度退化这一等级转化。2000—2010年各年处于重度退化等级的森林面积分别为9 424.63km^2、12 680.50km^2和16 142.50km^2，分别占当年森林生态系统面积的29.70%、39.96%和50.88%（表8-11、图8-5）。

表 8-11 河南省森林退化分级特征

年份	统计参数	未退化	轻度退化	中度退化	重度退化	极重度退化
2000	面积（km^2）	3.50	19.38	188.69	9 424.63	22 092.94
	比例（%）	0.01	0.06	0.59	29.70	69.63
2005	面积（km^2）	2.56	26.13	304.88	1 2680.50	18 715.06
	比例（%）	0.01	0.08	0.96	39.96	58.98
2010	面积（km^2）	9.69	62.00	690.94	1 6142.50	14 824.00
	比例（%）	0.03	0.20	2.18	50.88	46.72

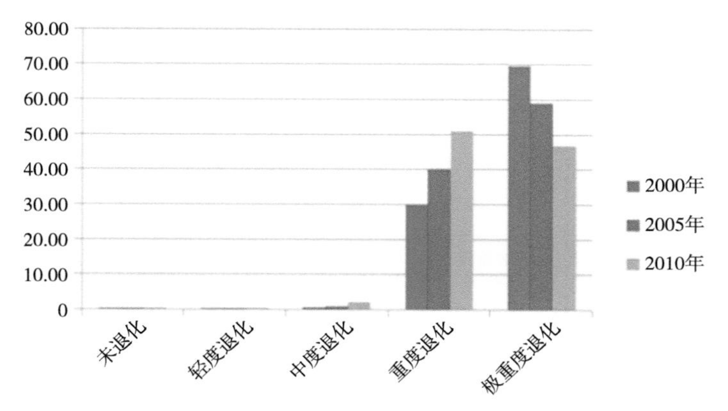

图 8-4 河南省森林退化分级变化趋势特征

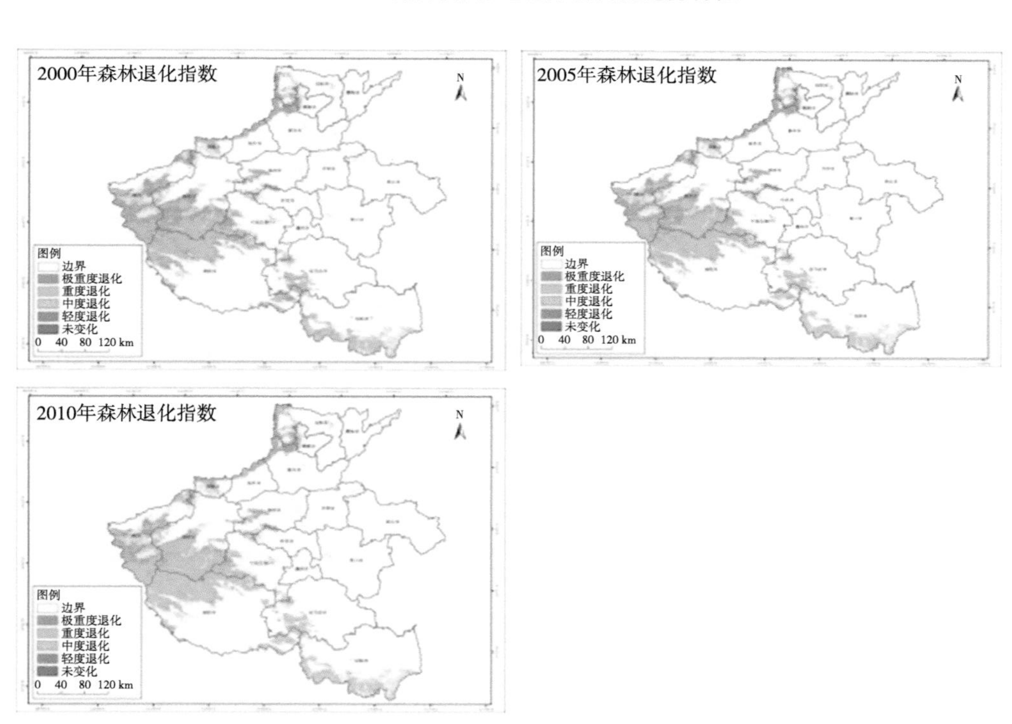

图 8-5 河南省 2000—2010 年森林生态系统退化分级空间分布

8.4.2.2 森林退化十年变化分析

根据计算结果（表8-12），2000—2010年有7 624.25km²的面积由极重度转为重度，说明森林退化程度大的趋势有所缓解，但2000—2010年仍有416.63km^{2}由重度转为极重度，说明部分地区还是存在森林继续退化的风险。

表 8-12　河南省不同退化等级森林转移矩阵

单位：km^2

年份	等级	极重度	重度	中度	轻度	无
2000—2005	极重度	17 857.69	3 844.38	4.44	0.44	0.13
	重度	487.13	8 726.63	201.19	6.13	0.69
	中度	2.50	82.69	93.56	9.69	0.25
	轻度	0.50	4.00	5.25	9.00	0.63
	无	0.13	1.31	0.31	0.88	0.88
2005—2010	极重度	13 884.44	4 637.56	13.56	2.44	2.44
	重度	766.06	11 418.38	474.75	15.19	15.19
	中度	3.13	72.06	197.56	29.63	29.63
	轻度	0.00	3.50	4.81	14.50	14.50
	无	0.06	0.88	0.19	0.25	0.25
2000—2010	极重度	14 082.38	7 624.25	18.63	2.81	1.25
	重度	416.63	8 414.44	562.50	26.75	1.19
	中度	2.50	57.06	104.06	22.19	2.88
	轻度	0.25	3.75	3.13	9.38	2.88
	无	0.06	0.63	0.88	0.69	1.25

8.4.3　草地退化空间格局及其十年变化

8.4.3.1　不同退化等级草地生态系统空间分布特征与面积

河南省草地退化以极重度、重度等级为主，占比为99%以上。主要分布在太行山、伏牛山、桐柏大别山区。2000年和2010年极重度、重度等级占退化总面积比分别为99.82%和99.77%，呈现降低趋势，表明草地生态系统退化程度降低，草地质量有所提升。2000—2010年极重度退化面积逐渐减少，退化程度有所降低，向重度退化这一等级转化。2000年和2010年各年处于重度退化等级的草地面积分别为1 676.13km²、2 668.63km²，面积增长趋势明显（表8-13、图8-6、图8-7）。

表 8-13 河南省草地退化分级特征

年份	等级	极重度	重度	中度	轻度	无
2000	面积（km^2）	2 409.44	1 676.13	62.06	7.00	0.56
	比例（%）	57.99	40.34	1.49	0.17	0.01
2005	面积（km^2）	1 844.69	2 207.50	98.69	4.19	0.13
	比例（%）	44.39	53.12	2.37	0.10	0.00
2010	面积（km^2）	1 291.81	2 668.63	185.19	9.38	0.19
	比例（%）	31.09	64.22	4.46	0.23	0.00

图 8-6 河南省 2000—2010 年草地生态系统退化分级

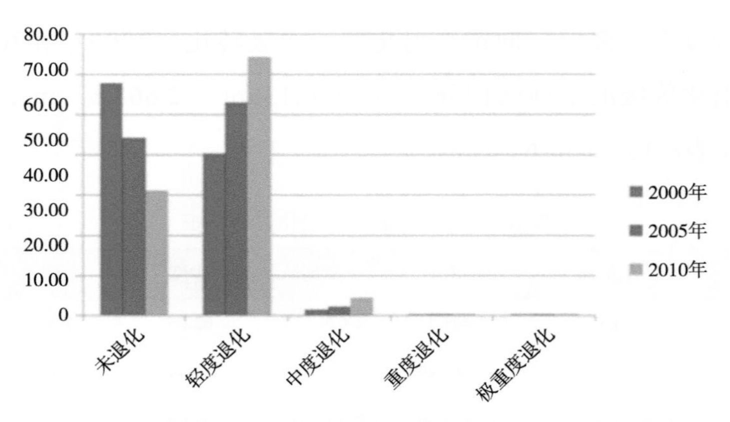

图 8-7 河南省草地退化分级特征变化

8.4.3.2 草地退化十年变化分析

根据转移矩阵（表8-14），2000—2010年有1 174.06km²的面积由极重度转为重度，129.81km²的面积由重度转为中度，说明草地退化程度大的趋势有所缓解，但2000—2010年仍有54.50km²的面积由重度转为极重度，说明部分地区还是存在草地继续退化的风险。

表 8-14 河南省不同退化等级草地转移矩阵

单位：km²

年代	等级	极重度	重度	中度	轻度	无
2000—2005	极重度	1 737.13	659.00	0.19	0.00	0.00
	重度	77.88	1 515.56	40.50	0.06	0.00
	中度	0.19	12.50	48.44	0.75	0.00
	轻度	0.00	0.00	4.13	2.88	0.00
	无	0.00	0.00	0.00	0.50	0.06
2005—2010	极重度	1 158.81	663.63	0.00	0.00	0.00
	重度	126.81	1 963.25	103.50	0.31	0.00
	中度	0.00	12.38	75.44	5.75	0.00
	轻度	0.00	0.00	1.13	3.00	0.06
	无	0.00	0.00	0.00	0.00	0.13

（续表）

年代	等级	极重度	重度	中度	轻度	无
2000—2010	极重度	1 221.31	1 174.06	0.25	0.00	0.00
	重度	54.50	1 448.63	129.81	0.94	0.00
	中度	0.06	11.81	45.31	4.63	0.00
	轻度	0.00	0.19	3.75	3.06	0.00
	无	0.00	0.00	0.00	0.44	0.13

8.4.4 湿地退化空间格局及其十年变化

8.4.4.1 湿地生态系统退化的空间分布特征与面积

河南省湿地以水域和草本沼泽为主，水域主要以湖泊（水库）、河流为主，总占国土总面积1.7%，比重较小。2000年和2010年河南省域湿地面积分别为2 688.3km^{2}和2 887.1km^2，面积呈增长趋势，增长率为7.13%。其中，河流面积呈减少趋势，面积减少为20.3km^2。湖泊、草本沼泽呈现增长趋势，增长面积分别为205.4km^{2}和14.6km^2，受南水北调中线工程建设影响，丹江口水库蓄水使水域面积增大是主要原因（表8-15、表8-16）。

表 8-15 河南省湿地特征面积统计

年份	类型	草本沼泽	湖泊	河流
2000	面积（km^2）	100.9	1 409.6	1 177.8
	比例（%）	0.1	0.9	0.7
2005	面积（km^2）	111.5	1 605.3	1 276.5
	比例（%）	0.1	1.0	0.8
2010	面积（km^2）	115.5	1 614.0	1 157.5
	比例（%）	0.1	1.0	0.7

表 8-16　河南省市湿地变化程度

单位：%

年份	2000—2005	2005—2010	2000—2010
湿地面积变化率（%）	10.12	−1.36	7.13
退化程度		轻度	

8.4.4.2　湿地生态系统十年变化特征分析

根据转移矩阵（表8-17），湿地不同类型间面积转化特征不显著。湿地面积增加主要来源于周边耕地及城镇，特别是丹江口水库蓄水侵占了大片耕地与城镇，依据相关资料显示（表8-18），蓄水前（2007年）水库大坝高162m，正常蓄水位157m，其中河南省辖区内水域面积362km^2，正常蓄水后大坝加高到176.6m后，正常蓄水位为170m，河南省辖区内水域面积为546km^2，水域面积增加184km^2，淹没耕地40.51万亩，动迁人口达35.8万人。

表 8-17　河南省不同类型湿地转移矩阵

单位：km^2

年份	类型	草本沼泽	湖泊	河流
2000—2005	草本沼泽	84.7	1.6	11.7
	湖泊	0.3	1 335.7	0.7
	河流	4.8	5.7	1 093.2
2005—2010	草本沼泽	98.4	1.3	0.4
	湖泊	0.6	1 368.9	0.2
	河流	10.1	5.4	1 081.9
2000—2010	草本沼泽	92.6	0.1	1
	湖泊	0.8	1 496.5	0.9
	河流	19.2	1.4	1 103.6

表 8-18 丹江口水库调水前后基本情况

项目	调水前	调水后
正常蓄水位（m）	157	170
坝高（m）	162	176.6
正常库容（亿m^3）	174.5	290.5
河南库区移民（万人）	20.2（一期）	15.6（二期）
河南淹没耕地（万亩）	28.51	40.51

8.5 小结

2000—2010年是河南省社会经济快速发展的十年，也是生态环境问题较严重的十年，主要表现在以下几个方面。

（1）水土流失以微度和轻度为主，强度有所减弱。河南省2000年、2010年水土流失强度以微度和轻度为主，占河南省面积的91.76%。极重度侵蚀区主要分布在济源北部太行山区、郑州西部低山区、驻马店、信阳桐柏大别山区等地区，十年间水土流失强度减弱的面积大于强度增强的面积，总体呈现减弱趋势。由于受到人类活动及气候变化等因素的影响，该区土壤侵蚀仍处于边治理边破坏的状态，侵蚀强度虽然在下降，但侵蚀面积却在增加，而且增加的微度、轻度和中度水土流失若不采取合理措施极可能继续恶化而进一步转化为强度和极强度侵蚀。

（2）森林退化以极重度为主，退化程度减弱。河南省森林生态系统的退化等级主要处于极重度这一等级，占比较高，退化较为严重，十年间有7 624.25km^2的面积由极重度转为重度，表明森林退化程度大的趋势有所缓解，但退化极重度程度有所降低，但河南省的森林退化强度还是主要集中在重度和极重度退化。局部地区由重度转为极重度，说明部分地区还是存在森林继续退化的风险。

（3）草地面积较小，退化较为严重。河南省草地分布面积较小，草地质量较差，河南省的草地退化强度主要集中在重度和极重度退化，部分地区还存在草地继续退化的风险。

（4）湿地扩张趋势明显，退化风险依然存在。受丹江口水库蓄水影响，河南省湿地面积增加显著。除丹江口水库区域，水生生物生存环境破坏依然存在，受城市化高速发展的影响，自然湿地被各类人工建设用地分割、蚕食，曾经连续的自然生境受到破坏，物质循环受到影响，生态系统稳定性下降，生物多样性减少，抗外部干扰能力减弱。

9 生态环境质量综合评估

生态环境质量是指生态环境的优劣程度，它以生态学理论为基础，在特定的时间和空间范围内，从生态系统层次上，反映生态环境对人类生存及社会经济持续发展的适宜程度，是根据人类的具体要求对生态环境的性质及变化状态的结果进行评定。

9.1 评估指标体系

根据河南省生态系统格局、生态系统质量、生态系统服务功能和生态环境问题4个方面，分别提取关键性的评估指标构建每个方面的核心指标，从而进行生态环境质量综合评估，指标体系如表9-1所示。

表 9-1　河南省生态环境质量综合评估指标体系

评价内容	核心评价指标
生态系统格局	自然生态系统面积占国土面积的百分比
生态系统质量	生态系统质量指数
生态系统服务功能	生态系统产品供给功能的经济价值密度
生态环境问题	生态环境问题综合评价指数

9.1.1 自然生态系统面积占国土面积的百分比

采用自然生态系统面积占河南省国土面积的百分比来表征生态系统格局特征。自然生态系统包括土地覆盖分类体系中的森林、灌丛、湿地、草地4类生态系统，通过这些自然生态系统面积与河南省国土面积的比值计算得到。计算方法：

$$NEA(\%)=\frac{A_f+A_s+A_w+A_g}{S}\times 100$$

式中：NEA为自然生态系统面积占国土面积的百分比；A_f为森林生态系统面积；A_s为灌丛生态系统面积；A_w为湿地生态系统面积；A_g为草地生态系统面积；S为国土面积；单位均为km^2。

9.1.2 生态系统质量

采用生态系统质量指数作为河南省生态系统质量综合评价的核心指标。计算公式为：

$$REQI=\frac{\sum_{j=1}^{m}\sum_{i=1}^{n}(RBD_{ij}\times S_p)}{S}$$

式中：$REQI$为区域生态质量指数；S_p为每个像元的面积；S为评价区域总面积。RBD_{ij}为相对生物量密度，计算方法为：

$$RBD_{ij}(\%)=\frac{B_{ij}}{CCB_j}\times 100$$

式中：j为区域生态系统类型，包括森林、草地、湿地三类生态系统；i为像元数量；RBD_{ij}为第j类生态系统在第i像元的相对生物量密度；B_{ij}为第j类生态系统在第i像元的实测生物量，通过遥感获取；CCB_j为评价单元同一自然地理区下的第j类生态系统顶级群落每像元的生物量。

9.1.3　生态系统产品供给功能的经济价值密度

生态系统产品供给功能价值密度作为河南省生态系统生态服务功能综合评价的核心指标。用各地区农林牧副渔业总产值代替生态系统产品供给功能的价值量。为了便于不同年份的比较，根据农林牧副渔业总产值指数，把各地区2005年、2010年现价农林牧副渔业总产值转换为按2000年可比价计算的总产值。根据各评估单元农林牧副渔业总产值和评价单元面积，估算各评价单元生态系统产品供给功能经济价值密度：

$$D_{epv} = \frac{EPV}{S}$$

式中：D_{epv}为评价区域生态系统产品供给功能价值密度（万元/km^2）；EPV为评价区域按2000年可比价计算农林牧副渔业总产值（万元）；S为评价区域总面积（km^2）。

9.1.4　生态环境问题综合评价指数

采用严重退化生态系统面积占国土面积的百分比作为生态环境问题综合评价的核心指标。根据生态环境问题评估对各类生态环境问题的等级划分结果，将发生强度及以上森林（含灌丛）退化土地和生态系统作为严重退化生态系统。严重退化生态系统占国土面积百分比计算公式如下：

$$EDI(\%) = \frac{A_d}{S} \times 100$$

式中：EDI为评价单元中严重退化生态系统面积占评价单元面积的百分比；A_d为评价单元中严重退化生态系统面积；S为评价区域总面积。

9.2　评估方法

生态环境质量变化评估是指把河南省作为一个单一的评价单元，评价生态环境质量及其在生态系统格局、质量、服务功能和生态问题等多个维度变化特征，判断生态环境及其各个方面特征的整体变化。

9.2.1 指标值的标准化

历年生态环境质量评估指标的标准化方法为：各核心指标在3个评价年份中的最好值作为100分，其他年份值根据其与最高年份值的比值转换到0～100分内。

其中，自然生态系统占国土面积的百分比（NEA）、生态系统质量指数（EQI）、生态系统服务功能密度（desv）和肥力较好土地占国土面积百分比（EQIUnderground）为正向指标，直接采用当年值与3年最大值比值乘以100计算获取。即：

$$(NEA_{score})_i = \frac{NEA_i}{\max(NEA_i)} \times 100$$

$$(EQI_{score})_i = \frac{EQI_i}{\max(EQI_i)} \times 100$$

$$\left[(d_{esv})_{score}\right]_i = \frac{(d_{esv})_i}{\max\left[(d_{esv})_i\right]} \times 100$$

$$\left[(EQI_{underground})_{score}\right]_i = \frac{(EQI_{underground})_i}{\max\left[(EQI_{underground})_i\right]} \times 100$$

式中：i为评价年份；$(NEA_{score})_i$为河南省第i年生态系统格局得分值；NEA_i：河南省第i年自然生态系统占国土面积的百分比；$(EQI_{score})_i$为河南省第i年生态系统质量得分值；EQI_i为河南省第i年生态系统质量指数；$[(d_{esv})_{score}]_i$为河南省第i年生态系统服务功能得分值；$(d_{esv})_i$为河南省第i年生态系统服务功能价值密度；$[(EQI_{underground})_{score}]_i$为河南省第$i$年地下生态质量得分值；$(EQI_{underground})_i$为河南省第$i$年肥力较好土地占国土面积百分比。

生态环境问题为反向指标，采用下面方法转换为0~100分分值：

$$(EDI_{score})_i=\frac{1-(EDI)_i}{1-\min[(EDI)_i]}\times 100$$

式中：$(EQI_{score})_i$为河南省第i年生态环境问题得分值；$(EQI)_i$为河南省第i年严重退化生态系统面积占国土面积百分比。

9.2.2 生态环境综合质量得分值

各年份生态环境综合质量得分值为各项关键和综合评价指标得分值之和（CEIN）。

$$(CEI_{score})_i=(NEA_{score})_i+(EQI_{score})_i+[(D_{epv})_{score}]_i+[(D_{esv})_{score}]_i+(EDI_{score})_i$$

式中：$(CEI_{score})_i$为第i年河南省生态环境质量综合得分值；$(NEA_{score})_i$为第i年河南省生态系统格局得分值；$(EQI_{score})_i$为第i年河南省生态系统质量得分值；$[(D_{epv})_{score}]_i$为第i年河南省生态系统产品供给功能得分值；$[(D_{esv})_{score}]_i$为第i年河南省生态系统生态功能得分值；$(EDI_{score})_i$为第i年河南省生态环境问题得分值。

9.3 评估结果

9.3.1 生态系统格局指标

通过河南省自然生态系统面积及比例统计结果（表9-2）可以看出，2000—2010年河南省自然生态系统面积及比例呈现减少的变化趋势，自然生态系统面积减少了392.6km^2，占河南省国土面积比例减少了0.2%。

表 9-2 河南省历年自然生态系统面积及比例

年份	面积（km^2）	比例（%）
2000	41 660.4	25.10
2005	41 432.5	25.00
2010	41 267.8	24.90

9.3.2 生态系统质量指数

由计算结果（表9-3）可知，2000—2010年河南省生态系统质量指数呈现快速增长的变化趋势，生态系统质量指数增长了28 423.6，增长了67.0%。

表 9-3 河南省历年生态系统质量指数

年份	2000	2005	2010
生态系统质量指数	42 425.42	49 096.71	70 849.02

9.3.3 生态系统服务功能指标

由计算结果（表9-4）可知，2000—2010年河南省生态系统产品供给功能价值密度呈现快速减少的变化趋势，每平方公里减少了7.53万元，减少了10.75%。

表 9-4 河南省历年生态系统产品供给功能指标

项目	2000	2005	2010
农业总产值（亿元）	751.03	623.02	661.33
林业总产值（亿元）	41.72	29.84	22.09
牧业总产值（亿元）	353.77	407.83	315.86
渔业总产值（亿元）	13.7	14.18	15.37
农林牧副渔业总产值（亿元）	1 160.22	1 102.84	1 035.52
农林牧副渔业总产值密度（万元/km^2）	70.04	66.58	62.51

9.3.4 生态环境问题指标

由计算结果（表9-5）可知，2000—2010年河南省严重退化生态系统面积比例呈现持续减小的变化趋势，严重退化面积减少了676.2km^2，减少了0.41%，生态退化形势趋缓。

表 9-5 严重退化生态系统面积占国土面积的百分比

年份	严重退化面积（hm^2）	占国土面积百分比（%）
2000	35 603.14	21.50
2005	35 447.75	21.40
2010	34 926.94	21.09

9.3.5 生态环境质量综合评估

根据历年各项指标得分值（图9-1），绘制的河南省历年生态环境质量风向玫瑰图（图9-2）可以判断出，2000—2010年河南省生态系统质量得到显著地改善，生态系统产品供给功能稍有下降，生态环境问题与生态系统格局变化不显著。河南省生态环境综合质量得分持续上升，表明河南省生态环境综合质量不断提升。

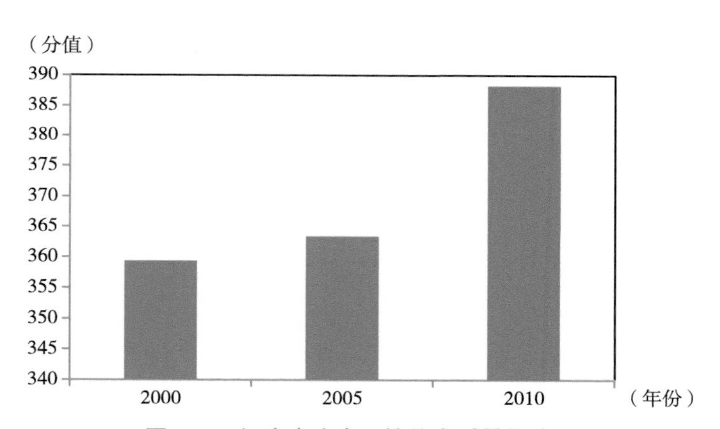

图 9-1 河南省生态环境综合质量得分值

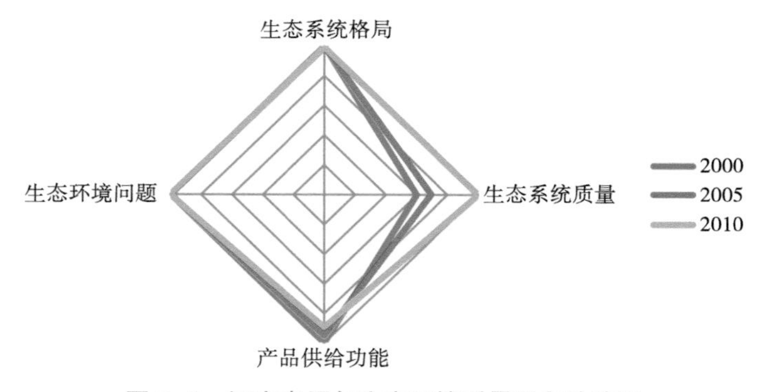

图 9-2 河南省历年生态环境质量风向玫瑰图

9.4 小结

根据历年各项指标得分值和河南省历年生态环境质量风向玫瑰图可以判断出，2000—2010年河南省生态系统质量得到显著地改善，生态系统产品供给功能稍有下降，生态环境问题与生态系统格局变化不显著。河南省生态环境综合质量得分持续上升，表明河南省生态环境综合质量不断提升。

10 结 论

（1）生态系统构成与格局及其十年变化。生态系统构成类型多样，空间分布特征明显。河南省一级分类有7种，二级分类有15种，三级分类有27种。其中，一级分类中以耕地、森林、城镇及灌丛生态系统为主，共占河南省国土总面积的95%以上；二级分类中以耕地、居住地、阔叶林、阔叶落叶林、灌丛共占河南省总国土面积的93%左右。森林、灌丛生态系统主要分布在西部山区；耕地生态系统主要分布在东部平原与南阳盆地、伊洛河盆地等区域。十年来河南省生态系统格局总体以人工生态系统变化为主，农田城镇转移面积较大，自然生态系统基本保持稳定。河南省生态系统破碎化程度降低，生态景观构成复杂程度在降低，生态系统稳定性得以提升。

（2）生态系统质量及其十年变化。河南省各生态系统质量由高到低的排列顺序为：森林＞灌丛＞草地＞耕地＞湿地。各生态系统质量都处于提升变化趋势，变化由快到慢的顺序为：草地＞灌丛＞湿地＞耕地＞森林。森林生态系统质量总体水平高，提升速度缓慢。灌丛生态系统质量总体水平较高，提升速度较快。草地生态系统质量总体水平一般，快速提升。耕地生态系统质量总体水平不高，提升速度较为缓慢。湿地生态系统质量总体水平差，提升速度一般。

（3）生态系统服务功能及其十年变化。河南省生态系统总体上处于生态敏感性较弱但综合承载功能较强的状态。在全国生态系统服务功能综合评价等级中，主要处于中等重要和一般的水平。生态系统生物多样性功能变化趋势不显著。土壤保持功能总体较差，略有变好趋势。水文调节功能总体减弱，局部增长明显。防风固沙功能以低级别为主，总体呈现提升趋势。产品供给功能总体较好，食物生产能力提高显著。

（4）生态系统胁迫及其十年变化。河南省人类活动对生态系统产生的胁迫大于自然变化胁迫对生态系统产生的胁迫。人类活动对生态系统产生的胁迫持续增强，空间分布与区域经济发展水平具有一致性。河南省自然灾害胁迫综合指数呈下降趋势，自然变化对生态系统产生的胁迫减弱。

（5）生态环境问题及其十年变化。河南省生态环境问题依然存在。水土流失以微度和轻度为主，强度有所减弱。森林退化以极重度为主，退化程度减弱。草地面积较小，退化较为严重。湿地扩张趋势明显，退化风险依然存在。

（6）生态环境质量综合评估。河南省生态环境综合质量不断提升。2000—2010年河南省生态系统质量得到显著地改善，生态系统产品供给功能稍有下降，生态环境问题与生态系统格局变化不显著。河南省生态环境综合质量得分持续上升，表明河南省生态环境综合质量不断提升。

参考文献

彼得·马蒂尼，朱大奎，等. 2004. 海南岛海岸景观与土地利用［M］. 南京：南京大学出版社.

卞正富，路云阁. 2004. 论土地规划的环境影响评价［J］. 中国土地科学，18（2）：21-28.

陈杰，梁国富，等. 2012. 基于景观连接度的森林景观恢复研究——以巩义市为例［J］. 生态学报，32（12）：3 373-3 781.

陈利顶，李俊然，等. 2001. 三峡库区生态环境综合评价与聚类分析［J］. 农村生态环境，17（3）：35-38.

董哲仁. 2009. 河流生态系统研究的理论框架［J］. 水利学报，40（2）：129-137.

段澈. 2005. 区域可持续发展评价指标体系及综合评价［J］. 技术经济与管理研究（3）：27-28.

段绍光，王慈民，吴明作，等. 2002. 河南省森林资源动态分析［J］. 河南科学，20（1）：56-60.

方秀琴，张万昌. 2003. 叶面积指数（LAI）的遥感定量方法综述［J］. 国土资源遥感，3：58-62.

傅伯杰，吕一河. 2006. 生态系统评估的景观生态学基础［J］. 资源科学，28（4）：5-5.

傅伯杰，徐延达，等. 2010. 景观格局与水土流失的尺度特征与耦合方法［J］. 地球科学进展，25（7）：673-681.

傅伯杰，赵文武，等. 2006. 地理—生态过程研究的进展与展望［J］. 地理学报，6（11）：1 123-1 131.

高吉喜，潘英姿，等. 2004. 区域洪水灾害易损性评价［J］. 环境科学研究，17（6）30-34.

何琼，孙世群，等. 2004. 区域生态安全评价的AHP赋权方法研究［J］. 合肥工业大学学报（自然科学版），27（4）：434-437.

贺秀斌，文安邦，等. 2005. 农业生态环境评价的土壤侵蚀退耦指标体系［J］. 土壤学报，42（5）：852-856.

胡良军，李锐，等. 2001. 基于GIS的区域水土流失评价研究［J］. 土壤学报，38（2）：167-175.

胡巍巍，王根绪. 2007. 湿地景观格局与生态过程研究进展［J］. 地球科学进展，22（9）：969-974.

李爱军，朱翔，等. 2004. 生态环境动态监测与评价指标体系探讨［J］. 中国环境监测，20（4）：35-38.

李文华，欧阳志云，等. 2002. 生态系统服务功能研究［M］. 北京：气象出版社.

李文华. 2006. 生态系统服务研究是生态系统评估的核心［J］. 资源科学，28（4）:4-4.

李永乐，罗晓辉，等. 2006. 南水北调西线工程生态环境效应预测研究［J］. 中国水土保持（1）：25-27.

梁顺林，李小文，王锦地，等. 2013. 定量遥感：理念与算法［M］. 北京：科学出版社.

刘桂环，董贵华，等. 2014. 英国国家生态系统评估及对我国的启示［J］. 环境与可持续发展（6）：91-95.

刘纪远，岳天祥，等. 2006. 生态系统评估的信息技术支撑［J］. 资源科学，28（4）：6-7.

刘纪远，岳天祥，等. 2006. 中国西部生态系统综合评估［M］. 北京：气象出版社.

刘伍，李满春，等. 2006. 基于矢栅混合数据模型的土地适宜性评价研究［J］. 长江流域资源与环境，15（3）：320-324.

刘晓峰，齐二石，等. 2006. 基于AHP-Fuzzy的竞争力评价体系应用研究［J］. 中国农机化学报（4）：41-43 .

刘新卫，周华荣. 2005. 基于景观的区域生态环境质量评价指标体系与方法研究［J］. 水土保持研究，12（2）：7-10.

刘振波，刘杰. 2015. 森林冠层叶面积指数遥感反演——以小兴安岭五营林区为例［J］. 生态学杂志，34（7）：1 930-1 936.

刘庄，谢志仁，等. 2003. 提高区域生态环境质量综合评价水平的新思路——GIS与层次分析法的结合［J］. 长江流域资源与环境，12（2）：163-168.

卢爱岗，张镭，等. 2010. 基于水土流失的景观格局分析方法［J］. 生态环境学报，19（7）：1 599-1 604.

罗明云. 2006. 嘉陵江流域水土流失影响因子AHP法分析［J］. 水土保持研究，13（4）：250-252.

骆知萌，田庆久，惠凤鸣. 2005. 用遥感技术计算森林叶面积指数——以江西省兴国县为例［J］. 南京大学学报：自然科学，41（3）：253-258.

马世震，陈桂琛，等. 2005. 青藏铁路沿线高寒草原生态质量评价指标体系初探［J］. 干旱区研究，22（2）：231-235.

马晓微，杨勤科，等. 2001. 基于GIS的中国潜在水土流失评价指标研究［J］. 水土保持通报，21（2）：41-44.

马晓微，杨勤科，等. 2002. 基于GIS的中国潜在水土流失评价研究［J］. 水土保持学报，16（4）：49-53.

茅荣正. 2004. 基于Landsat 图像的LAI 信息提取研究［D］. 南京：南京师范大学.

倪含斌，张丽萍，等. 2006. 基于GIS的小流域水土流失综合治理研究进展［J］. 水土保持研究，13（2）：66-68.

欧阳志云，王桥，等. 2014. 全国生态环境十年变化（2000—2010年）遥感调查评估［J］. 生态系统服务与评估，29（4）：462-466.

欧阳志云，张路，等. 2015. 基于遥感技术的全国生态系统分类体系［J］. 生态学报，35（2）：219-226.

邱扬，傅伯杰. 2004. 异质景观中水土流失的空间变异与尺度变异［J］. 生态学报，24（2）：330-337.

宋兰兰，陆桂华，等. 2006. 区域生态系统健康评价指标体系构架［J］. 水科学进展，17（1）：116-121.

苏常红，傅伯杰. 2012. 景观格局与生态过程的关系及其对生态系统服务的影响［J］. 自然杂志，34（5）：277-283.

王根绪，钱鞠，等. 2001. 区域生态环境评价（REA）的方法与应用［J］. 兰州大学学报（自然科学版），37（2）：131-140.

王耕，吴伟. 2006. 区域生态安全机理与扰动因素评价指标体系研究［J］. 中国安全科学学报，6（5）：12-15.

邬建国. 2006. 景观生态学——格局、过程、尺度与等级（第二版）［M］. 北京：高等教育出版社.

吴秀芹，蔡运龙，等. 2005. 喀斯特山区土壤侵蚀与土地利用关系研究［J］. 水土保持研究，12（4）：46-48.

吴正，等. 2009. 中国沙漠及其治理［M］. 北京：科学出版社.

吴正，等. 2010. 风沙地貌与治沙工程学［M］. 北京：科学出版社.

肖风劲，欧阳华. 2002. 生态系统健康及其评价指标和方法［J］. 自然资源学报，17（2）：203-209.

谢高地，曹淑艳. 2006. 生态足迹方法作为生态系统评估工具的潜力［J］. 资源科学，28（4）：8-8.

邢著荣，冯幼贵，李万明，等. 2010. 高光谱遥感叶面积指数（LAI）反演研究现状［J］. 测绘科学，35（增刊1）：162-164.

徐广亮，徐志浩，等. 2005. 济南南部山区水源涵养生态功能保护区生态环境评价指标体系研究［J］. 环境保护科学，31（131）：60-62.

徐桂芳. 2013. 静态景观格局的生态过程动态化研究——以贵州草海珍稀鸟类栖息地为例［J］. 中国城市林业，11（3）：9-12.

徐丽芬，许学工. 2011. 陆地表层系统自然地理过程的研究方法［J］. 地理与地理信息科学，27（1）：64-68.

徐昔保，张建明，等. 2005. 基于3S的石羊河流域生态功能区划研究［J］. 干旱区研究，22（1）：41-44.

徐延达，傅伯杰，等. 2010. 基于模型的景观格局与生态过程研究［J］. 生态学报，30（1）：212-220.

许向宁，王文俊，等. 2004. 基于GIS的安宁河流域生态环境地质质量评价［J］. 成都理工大学学报（自然科学版），31（3）：243-248.

杨贵军，黄文江，王纪华，等. 2010. 多源多角度遥感数据反演森林叶面积指数方法［J］. 植物学报，45（5）：566-578.

杨洪晓，卢琦. 2003. 生态系统评价的回顾与展望——从北美生态区域评价到新千年全球生态系统评估［J］. 中国人口·资源与环境，13（1）：92-97.

张松滨. 2002. 灰色边界模型与环境质量评价［J］. 贵州环保科技（2）：8-10.

张茵，蔡运龙. 2004. 基于分区的多目的地TCM模型及其在游憩资源价值评估中的应用——以九寨沟自然保护区为例［J］. 自然资源学报，19（5）：651-661.

张永民，译. 2006. 生态系统与人类福祉：评估框架［M］. 北京：中国环境科学出版社.

赵多，卢剑波，等. 2003. 浙江省生态环境可持续发展评价指标体系的建立［J］. 环境污染与防治，25（6）：380-382.

赵士洞，张永民. 2004. 生态系统评估的概念、内涵及挑战——介绍《生态系统与人类福利：评估框架》［J］. 地球科学进展，19（4）：650-657.

赵士洞. 2001. 新千年生态系统评估——背景、任务和建议［J］. 第四纪研究，21（4）：330-336.

赵欣，张中旺，等. 2003. 南水北调中线工程水源区的环境评价与预测［J］. 安全与环境工程，10（4）：5-12.

周国模. 2009. 森林城市——实现低碳城市的重要途径［J］. 杭州通讯（5）：20-21.

周嘉，张洪峰，等. 2004. 模糊综合评判法在生态旅游战略环境评价中的应用［J］. 东北林业大学学报，32（2）：52-54.

周杨明，于秀波，等. 2008. 生态系统评估的国际案例及其经验［J］. 地球科学进展，23（11）：1 209-1 217.

Barr A G，Black T A，Hogg E H，et al. 2004.Inter-annual variability in the leaf area index of a boreal aspen-hazelnut forest in relation to net ecosystem production［J］.Agr Forest Meteorol，126（3-4）：237-255.

Bonan G B. 1993.Importance of Leaf Area Index and Forest Type When Estimating Photosynthesis in Boreal Forests［J］. Remote Sensing of Environment，43：303-314.

Chen J M，Cihlar J. 1996.Retrieving leaf area index for boreal conifer forests using Landsat TM images［J］. Remote Sensing of Environment，55（2）：153-162.

Chen J M，Sylvain G L，John R M，et al. 1999.Compact airborne spectrographic imager（CASI）used for mapping biophysical parameters of boreal forests［J］.Journal of Geophysical Research，104（22）：27 945-27 958.

Chen Kunyu. 2003.Ecosystem health：ecological sustainability target of strategic environment assessment［J］.Journal of Forestry Research，14（2）：146-150.

F.Stuart Chapin lll，Pamela A. Matson，et al. 2005.陆地生态系统生态学原理［M］.李博，赵斌，等译. 北京：高等教育出版社.

H.J.海因茨三世科学、经济与环境中心. 2013.2008年美国国家生态系统状况报告：土地、水、和生物资源［M］.环境保护部卫星环境应用中心，译.北京：中国环境科学出版社.

Hogg E H，Brandt J P，Kochtubajda B. 2002.Growth and die back of Aspen forests in northwestern Alberta，Canada，in relation to climate and insects［J］. Can J Forest Res，5：823-832.

Hui F M，Tian Q J，Jin Z Y，et al. 2003.Research andquantitative analysis of the correlation between VI and LAI［J］.Remote Sensing Information，2：10-13.

Margolis H A，Ryan M G. 1997.A physiological basis for biosphere-atmosphere interactions in the boreal forest：An overview［J］.Tree Physiol，17（8-9）：491-499.

Pauline S，Miina R，Terhikki M，et al. 2008.Boreal forest leaf areas index from optical satellite images：model simulations and empirical analyses using data from central Finland［J］.Boreal Environment Research，13：433-443.

S.E.Jϕrgensen，G.Bendoricchio. 2008.生态模型基础（第三版）［M］.何文珊，陆健健，等译. 北京：高等教育出版社.

Schwartz M D. 1992.Phenology and springtime surface-layer change［J］.Mon Weather Rev，11：2 570-2 578.